中国珍稀濒危植物绘谱

Paintings of China's Rare and Endangered Plants

第一卷　蕨类植物·裸子植物

Volume I　Fern & Gymuosperm

主　编：印　红

Editted by：Yin Hong

审　核：刘全儒　冯金朝　孔宏智

Audited by：Liu Quanru　Feng Jinchao　Kong Hongzhi

绘　画：张　浩

Sketched by：Zhang Hao

撰　文：惠岑怿

Written by：Hui Cenyi

U0193919

学苑出版社

Academy Press

图书在版编目（CIP）数据

中国珍稀濒危植物绘谱. 第一卷, 蕨类植物、裸子植物：大众普及本 / 印红著. -- 北京：学苑出版社, 2019.8
ISBN 978-7-5077-5710-1

Ⅰ.①中… Ⅱ.①印… Ⅲ.①珍稀植物—濒危植物—中国—图集②蕨类植物—中国—图集③裸子植物亚门—中国—图集 Ⅳ.①Q948.52-64②Q949.36-64③Q949.6-64

中国版本图书馆CIP数据核字(2019)第101747号

出 版 人：孟　白
责任编辑：周　鼎　康　妮
封面设计：康　妮
出版发行：学苑出版社
社　　　址：北京市丰台区南方庄2号院1号楼
邮政编码：100079
网　　　址：www.book001.com
电子信箱：xueyuanpress@163.com
联系电话：010-67601101（营销部）、010-67603091（总编室）
印 刷 厂：北京雅昌艺术印刷有限公司
开本尺寸：889×1194　1/12
印　　张：20
字　　数：380千字
版　　次：2019年8月北京第1版
印　　次：2019年8月北京第1次印刷
定　　价：320.00元

序

　　野生植物是自然生态系统的重要组成部分，是自然界赋予人类十分宝贵的自然资源和战略资源，具有不可或缺的生态、经济、文化和社会价值，在保护生物多样性、维护生态平衡、发展植物产业、满足人类物质文化需求等方面发挥着重要作用。

　　中国是世界上植物多样性最为丰富的国家之一，仅维管植物就有 312 科，3328 属，31362 种，其中超过 50% 的种类为我国所特有，不少种类是在北半球早已绝迹的古老子遗植物。在这些丰富的植物资源中，许多种类有着非常重要的经济和科学研究价值，而且随着科学研究的不断深入，一些具有潜在经济和研究价值的植物会不断地被发现。近些年来，随着经济社会的快速发展，人类对大自然过度索取，对野生植物资源的需求量越来越大，乱砍滥伐致使许多野生植被遭到破坏，一些珍稀野生植物濒临灭绝。全国高等植物中有 4000 多种正面临着严重威胁，1000 多种正处于濒危状态，例如，百山祖冷杉、天目铁木等 10 种植物野外数量分别仅存 1 ~ 10 株，广西火桐等 54 种植物只有 1 个分布点。

　　我国在野生植物保护方面做了大量的工作，先后制定了《野生植物保护条例》《自然保护区条例》《濒危野生动植物进出口管理条例》等法规条例，颁布了《国家重点保护野生植物名录（第一批）》，签署了《濒危野生动植物种国际贸易公约》，加入了"国际自然与自然资源保护联盟"，实施了"全国极小种群野生植物拯救保护工程规划"，建立了一批以保护野生植物类型为主的自然保护区和就地保护点，开展了野生植物资源调查和野外巡护，积极拯救繁育濒危物种，野生植物保护工作取得了明显成效。

　　为帮助社会各界进一步了解我国珍稀濒危野生植物资源，进一步推动野生植物和自然生态系统保护工作，全面提高生态文明素养，由九三学社中央主办的学苑出版社组织相关专家，经过 3 年多的不懈努力，完成了《中国珍稀濒危植物绘谱》编撰绘制和出版。本绘谱收录了《国家重点保护野生植物名录（第一批）》（1999 年）和《全国极小种群野生植物拯救保护工程规划（2011—2015 年）》中的 358 个物种，根据植物的不同习性，从群落形态、个体以及花果等特征细节等方面，以中国传统绘画形式对每一个物种进行了描绘，并配以文字介绍，集科学与艺术于一身。本绘谱内容丰富，画工精美，图文并茂，不仅有严谨的科学内容，还具有较高的艺术收藏价值，既是我国野生植物保护工作的重要成果展示，也是鉴别和欣赏珍稀濒危植物的大型图书。

武维华

（中国科学院院士　中国植物学会理事长　九三学社中央主席）

2018 年 9 月 3 日

Preface

Wild plants, as precious natural resources and strategic resources, are endowed to us by nature and are an important part of the natural ecosystem. They have indispensable ecological, economic, cultural and social value. They play an important role in protecting biodiversity, maintaining ecological balance, developing plant industry and meeting human material and cultural needs. China is one of the countries with the richest plant diversity in the world. There are 312 families, 3328 genera and 31,362 species of vascular plants alone. More than 50% of them are endemic to China. Many of them are ancient relics that have long been extinct in the northern hemisphere. Many species found among this abundant plant diversity have very important economic and scientific research value, and alongside further scientific research, more plants with potential economic and research value will continue to be discovered. In recent years, with the rapid development of both economy and society, human beings have overexploited nature, and the demand for wild plant resources is only increasing. Deforestation has led to the destruction of much wild vegetation, and some rare wild plants are on the verge of extinction. More than 4000 species of higher plants in China are facing serious threats, and more than 1000 species are in an endangered state. Among them, only 1 to 10 plants of both *Abies beshanzuensis* and *Ostrya rehderiana* remain, while 54 other species such as *Firmiana kwangsiensis* have only one distribution point.

China has done much work in the field of wildlife protection. It has formulated *Regulations on the Protection of Wild Plants in the People's Republic of China*, *Regulations on Nature Reserves in the People's Republic of China* and *Regulations on the Administration of the Import and Export of Endangered Wildlife in the People's Republic of China*, as well as announcing the *List of Key Wild Plants under State Protection (the first batch)*, signing the *Convention on International Trade in Endangered Species of Wild Fauna and Flora*, and joining the International Union for the Conservation of Nature and Natural Resources. China has implemented the National Plan for the Rescue and Conservation of Wild Plants with Minimal Populations, established a number of nature reserves and in-situ conservation sites mainly for the protection of wild plant types, carried out field surveys on and conducted field patrols of wild plant resources, actively saving and breeding endangered species. The work of wild plant protection has achieved remarkable results.

In order to help people from all walks of life further understand rare and endangered wild plant resources in China, further promote the protection of wild plants and natural ecosystems, and comprehensively improve the quality of ecological civilization, Academy Press, through over three years of unremitting efforts, all the while sponsored by the Central Committee of the Jiusan Society, organized the relevant experts to complete *Paintings of China's Rare and Endangered Plants*. This chart contains 358 species from the *National List of Key Protected Wild Plants (the first batch)* and *the National Plan for the Rescue and Conservation of Wild Plants with Minimal Populations (2011-2015)*. According to the different habits of plants, from their community morphology, individuality, and flowers or fruits as well as other aspects of characteristic details, they are painted in Chinese traditional painting. The form of painting depicts each species together with a textual introduction, which integrates both science and art. The book is rich in content and exquisite in art. It not only contains meticulous scientific content, but also has high artistic collection value. It is not only an important display of wildlife protection in China, but also an excellent book for identifying and appreciating rare and endangered plants.

WuWeiHua
Academician of the Chinese Academy of Sciences
Chairman of the Chinese Botanical Society
Chairman of the Central Committee of the Jiusan Society

September 3, 2018

前　言

　　《中国珍稀濒危植物绘谱》以中国传统国画形式绘制的植物图画为主，配以简略文字介绍每种植物的分类地位、特征、产地、习性等，以及中国珍稀濒危植物现状、分布特点、保护建议等内容。

　　以植物为描绘对象的标本科学画在西方已是历史悠久的一个画种，对古代以及近代植物分类学的研究起到了积极的推动作用，同时也为普及植物学基础知识、提高大众的科学素养起到了巨大的作用。虽然植物早已出现在中国的传统绘画中，但以科学教育和艺术修养相结合的画作在国内少有出现。例如自唐宋时期就开始有本草图集，但均以药学研究为基础，且画工较差。我社组织专业的国画家和植物分类学家协同创作，尝试将严谨的植物科学画技法与传统的中国画技法结合，从而形成一种新的植物画风格。与传统的植物标本画不同，该植物画具有更高的欣赏价值，画面更为灵动；与传统的花鸟、静物画相比，其科学性更强。可以说，《中国珍稀濒危植物绘谱》是在各领域专家的指导和众多资料数据的支持下，通过艺术家的巧妙构思绘制而成的。

　　本绘谱以中国画的形式，科学、艺术地表现我国的保护及珍稀濒危的植物，根据植物的不同习性，从群落形态、个体及花果等特征细节等方面进行了描绘，集科学与艺术于一身。

　　创作过程分为三个阶段：一、完成由惠岑怿博士纂写，植物学家刘全儒教授、冯金朝教授审定的每种植物的文字脚本，刘全儒教授提供标本和详细的图文资料，指出每种植物的分类学特征和形态、生态特征。二、画家张浩在专家指导下熟悉了解拟绘植物后，从濒危原因、生态环境、植物类别等方面进行分析，首先从绘制素描底稿入手，从每一种植物的生长规律、形态特点中选取反映植物特点的根、茎、叶等局部及整株或植物的生境，构思画面。三、每幅初稿完成，刘全儒教授审校把关，务求遵循每种植物形态的科学性表现和画面形式美感的融合。素描稿经过反复修改最终定稿后，再提炼成白描线稿，然后誊到宣纸上，按照毛笔勾线、润染皴擦的国画工笔画程序进一步加工绘制。如此反复，表现出不同植物枝叶、花、果实的不同质感。对绘画者来说，绝大多数珍稀濒危植物都是陌生的，为此在绘制过程中遇有疑惑，随时与刘全儒教授沟通请教，针对利用可以见到的与珍稀濒危植物形态相近的植物进行实物写生练习。也正因如此，创作过程耗时很久，画废的稿堆积如山。

　　《中国珍稀濒危植物绘谱》的特色，包括三个方面：

　　一、科学性：逼真地表现出所绘植物的形态特点与生境，展现珍稀濒危植物的自然生命状态与植物生长的自然生态环境。

　　二、艺术性：让画面中的植物栩栩如生，而非干枯的标本。既要凸显所绘植物的特征，又要用构图、色彩、笔触展现出所绘植物的美妙。

　　三、中国特色：用中国传统国画工笔的绘画方式表现中国特有的珍稀濒危植物，这是有史以来第一次。最终完成的作品，证明了这一尝试是成功的。

　　习近平总书记指出："坚持人与自然和谐共生"，"像保护眼睛一样保护生态环境，像对待生命一样对待生态环境，让自然生态美景永驻人间，还自然以宁静、和谐、美丽。"（习近平在全国生态环境保护大会上的讲话，《人民日报》2018 年 05 月 20 日 01 版)

　　九三学社几十年来一直非常重视和倡导科学普及教育的创新，科学与艺术的结合。《中国珍稀濒危植物绘谱》的选题确立、创作，是我们对习近平总书记为核心的党中央和九三学社的倡导的落实。在整个创制过程中，我们得到九三学社中央主席武维华院士、副主席印红研究员的全面支持和指导。本绘谱的编写过程中，我们还得到很多专家学者的支持，尤其是国家野生植物保护协会的于永福教授和国家林业局野生动植物保护与自然保护区管理司的刘德旺处长两位专家的指导；付梓之前孔宏智教授对全部图、文进行的审核。在此，一并表示衷心地感谢！

学苑出版社

Foreword

Paintings of China's Rare and Endangered Plants is based on traditional Chinese painting of plants, including brief descriptions of their classification status, characteristics, origins and habits, as well as their current rare or endangered status, distribution characteristics and conservation proposals.

Botanical science painting has a long history in the West. It has played a positive role in promoting the study of ancient and modern plant taxonomy, and also played a critical role in popularizing basic botanical knowledge and improving the scientific literacy of the public. Although plants have already appeared in traditional Chinese paintings, few paintings are combined with scientific education in China. For example, since the Tang and Song Dynasties, herbal atlases had been produced, but they were based on pharmaceutical research and feature poor artistic ability. Our publishing company organized professional Chinese painters and plant taxonomists to collaborate in order to combine rigorous plant science painting techniques with traditional Chinese painting techniques, thus forming a new style of plant painting, wholly separate from traditional plant specimen painting. This new style of plant painting thus has a higher potential for appreciation through its vivid depictions. Flowers and birds appear with greater scientific accuracy than found in traditional paintings. It can be said that *Paintings of China's Rare and Endangered Plants* is acontains data-driven, anatomically correct plant drawings conceived through ingenious artistic talent, all of which was done under the guidance of experts in various fields

Adopting the form of Chinese painting, this atlas represents the rare and endangered plants in our country both scientifically and artistically. According to the different habits of plants, it describes the characteristics of community, individual, flower and fruit in detail. It thus integrates science and art.

The creative process is divided into three stages. First, the description of each plant was compiled by Dr. Hui Cenli and approved by Professors of Botany Liu Quanru and Feng Jinchao. Professor Liu Quanru provides specimens and detailed graphic data, and highlights taxonomic characteristics, as well as morphological and ecological characteristics of each plant. Second, after the painter Zhang Hao familiarizes himself with the planned plants under the tutelage of experts, he analyses the causes of endangerment, ecological environment and plant types. He starts with sketches, choosing roots, stems, leaves and other parts that accurately reflect plant characteristics or plant growth patterns as well as noteworthy morphological characteristics and thereby conceives the picture. Third, after each draft is completed, Professor Liu Quanru verifies its accuracy, after which he seeks to integrate both scientific data as well as aesthetic feeling into pictorial form. After repeated revisions, the sketch is refined into a white–lined draft, which is then transcribed onto rice paper. The sketch undergoes further processing and is composed in accordance with the procedures of brush sketching, moistening, dyeing and erasing. These procedures are repeated when technically necessary, in order to reveal unique plant branches, leaves, flowers, and fruits of different texture. For painters, most endangered and rare plants are unfamiliar. For this reason, in the process of drawing, when unclear, the painter always communicates with Professor Liu Quanru for advice, and simultaneously carries out life-drawing exercises for plants with similar morphology to endangered and rare plants. Because of this, the creative process is long and arduous, and the initial manuscripts piled up as high as mountains.

Together, we pursued the same goals with the author of *Paintings of China's Rare and Endangered Plants,* which could can also be said to be the characteristics of this book, including these three aspects:

The first goal is to pursue scientific objectivity. The book was intended to vividly display the morphological characteristics and habitats of the plants, showing the natural life-states of rare and endangered plants as well as the natural ecological environments in which they growth.

The second goal is to portray artistry. We sought for the plants in the pictures to be vivid, rather than dry images.

This artistry should not only highlight the characteristics of the plants, but also show the beauty of the plants within the composition, through choices like color and brush strokes.

The third goal is to feature Chinese characteristics. This is the first time in history that Chinese rare and endangered plants are represented through traditional Chinese painting brushwork. The final work proves the success of this attempt.

General Secretary of the CPC Central Committee Xi Jinping pointed out that "we should adhere to the harmonious coexistence of man and nature" as well as "protect the ecological environment as we protect our eyes, treat the ecological environment as we treat life, and let the natural ecological beauty remain in the world forever, as naturally still, harmonious and beautiful." (Speech by Xi Jinping at the National Conference on Eco-environmental Protection, *People's Daily*, 01 Edition, May 20, 2018)

For decades, Jiusan Society has attached great importance to and advocated for popularizing scientific education as well as for the combining of science and art. The formation and creation of *Paintings of China's Rare and Endangered Plants* is represents the implementation of the exhortation of the CPC Central Committee with Xi Jinping at its core and the Jiusan Society Central Committee. Throughout the process of creation, we received full support and guidance from Academician Wu Weihua, the Chairman of the Central Committee of Jiusan Society, and Researcher Yin Hong, Vice-chairman of the Central Committee of Jiusan Society. In the process of compiling this chart, we also received support from many other experts and scholars, especially Professor Yu Yongfu of the National Wildlife Conservation Association and Director Liu Dewang of the Department of Wildlife Conservation and Nature Reserve Management of the State Forestry Administration. Here, we would like to express our heartfelt thanks for their support.

Academy Press

编写说明

1. 本绘谱原则上收录除发菜、虫草、松口蘑之外的《国家重点保护野生植物名录（第一批）》（1999年）和《全国极小种群野生植物拯救保护工程规划（2011—2015年）》的所有物种，但由于少数物种的分类学地位存在极大争议或野生居群一直没有被发现，经编委会研究讨论，决定将河北梨、乐东石豆兰、大羽桫椤、异形玉叶金花和金平桦等5个物种暂不收入本绘谱。所以本绘谱共收录国家重点保护野生植物以及珍稀濒危物种及种下分类等级358个。

2. 本绘谱分为蕨类植物、裸子植物和被子植物三部分。每部分按物种所属科的拉丁学名字母顺序排列。考虑到《国家重点保护野生植物名录（第一批）》（1999年）作为法律条文的附件，具有相应的法律约束力，同时名录中所有物种的拉丁学名都在每个物种名称部分引用，不管其是否处理为异名，但它们的基原异名原则上不引用。

3. 由于 *Flora of China*（《中国植物志》，简写为 FOC）中对部分种类进行了分类修订，为了反映这些进展而又能保持植物学名的相对稳定性，本绘谱将 *Flora of China* 采用的接受名以说明的形式放在原来学名的下面，而对于 *Flora of China* 还不能确定的修订种类或有争议的种类本绘谱不再注明名称变化。

4. 本绘谱中科的概念，蕨类植物采用秦仁昌（1978）系统，并在下方给出了 PPG（The Pteridophyte Phylogeny Group，2016）系统的最新变化；裸子植物采用郑万钧（1978）系统，并在下方给出了 Christenhusz et al（2011）系统的最新变化；被子植物主要采用恩格勒系统，并在下方给出了 APG Ⅳ（The Angiosperma Phylogeny Group，2016）系统的最新变化。

5. 本绘谱对每种植物的描述展示由主图、辅图和文字介绍三部分组成。

①主图为展示该植物生长状态和形态特征的画作，辅图为主图所无法展示的该植物生长状态和形态特征的补充画作。

②文字部分由分类地位（该植物所隶属的科属）、形态特征（该植物主要的分类特征）、生活习性（该植物适于生存的环境和孢子期、花果期等）、地理分布（该植物在中国的分布区域）、保护地位（该植物所属保护级别以及珍稀濒危程度）、保护建议等6部分组成。其中，"地理分布"以省（自治区、直辖市）为单位进行表述，如该物种在某个省内仅在1~2个县（县级市）分布，表述则具体到县名；如分布在3个或3个以上的县，则仅标注省（自治区、直辖市）名。"保护地位"标明了每个物种在《国家重点保护野生植物名录（第一批）》、CITES 附录、IUCN 红色名录以及全国极小种群野生植物名录中的保护级别。国家保护级别根据《国家重点保护野生植物名录（第一批）》（1999年）确定，Ⅰ和Ⅱ分别表示国家Ⅰ级和Ⅱ级重点保护野生植物；CITES 保护级别根据最新的 CITES 附录确定，Ⅰ和Ⅱ分别表示 CITES 附录Ⅰ和附录Ⅱ收录的物种；IUCN 红色名录等级根据2012年公布的信息确定，DD 为数据缺乏，LC 为无危，NT 为近危，VU 为易危，EN 为濒危，CR 为极危，EW 为野外灭绝，EX 为灭绝；极小种群物种根据《全国极小种群野生植物拯救保护工程规划》注明。

目 录

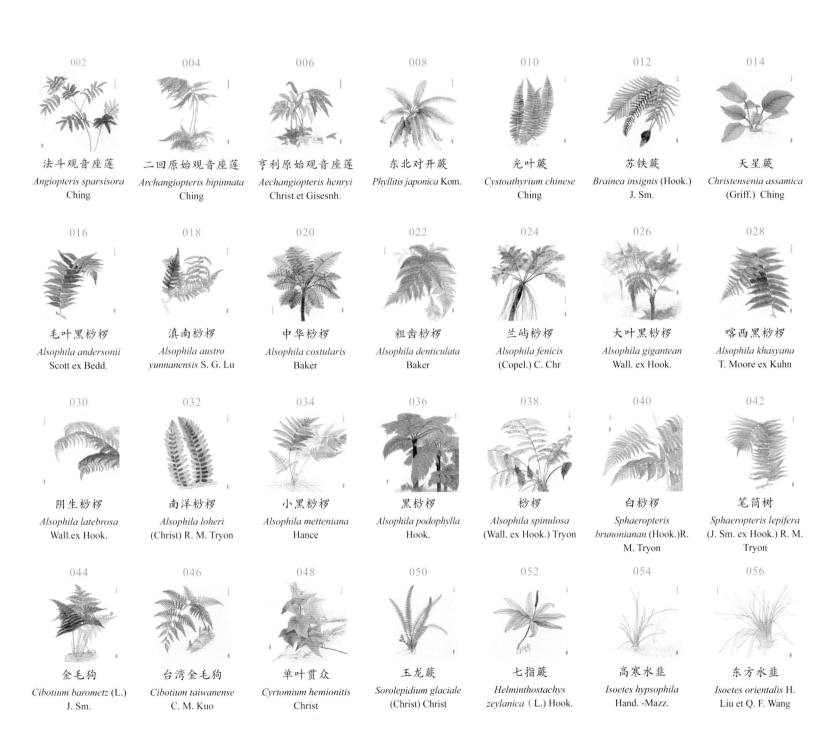

058

中华水韭

Isoetes sinensis
Palmer

060

台湾水韭

Isoetes taiwanensis
De Vol

062

云贵水韭

Isoetes yunguiensis
Q. F. Wang et W. C.
Taylor

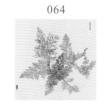

064

粗梗水蕨

Ceratopteris pteridoides
(Hook.) Hieron.

066

水蕨

*Ceratopteris
thalictroides* (L.)
Brongn.

068

瓦氏鹿角蕨

Platycerium wallichii
Hook.

070

扇蕨

*Neocheiropteris
palmatopedata* (Baker)
Chist

072

中国蕨

Sinopteris grevilleoides
(Christ) C. Chr. et
Ching

裸子植物

076

贡山三尖杉

Cephalotaxus lanceolata
K. M. Feng ex Cheng, L.
K. Fu et C. Y. Cheng

078

篦子三尖杉

Cephalotaxus oliveri
Mast.

080

翠柏

Calocedrus macrolepis
Kurz

082

红桧

*Chamaecyparis
formosensis* Matsum.

084

岷江柏木

Cupressus chengiana
S. Y. Hu

086

巨柏

Cupressus gigantea
Cheng et L. K. Fu

088

福建柏

Fokienia hodginsii (Dunn)
H. Henry et H. H. Thomas

090

朝鲜崖柏

Thuja koraiensis Nakai

092

崖柏

Thuja sutchuenensis
Franch.

094

宽叶苏铁

Cycas balansae Warb.

096

叉叶苏铁

Cycas bifida (Dyer) K.
D. Hill

098

葫芦苏铁

Cycas changjiangensis
N. Liu

100

德保苏铁

Cycas debaoensis Y. C.
Zhong et C. J. Chen

102

滇南苏铁

Cycas diannanensis Z. T.
Guan et G. D. Tao

104	106	108	110	112	114	116
长叶苏铁	仙湖苏铁	锈毛苏铁	贵州苏铁	海南苏铁	灰干苏铁	多羽叉叶苏铁
Cycas dolichophylla K. D. H. Nguyen et P. K. Loc	*Cycas fairylakea* D. Yue Wang	*Cycas ferruginea* F. N. Wei	*Cycas guizhouensis* K. M. Lan et R. F. Zou	*Cycas hainanensis* C. J. Chen	*Cycas hongheensis* S. Y. Yang et S. L. Yang ex D. Yue Wang	*Cycas multifrondis* D. Yue Wang

118	120	122	124	126	128	130
多歧苏铁	攀枝花苏铁	篦齿苏铁	苏铁	叉苞苏铁	石山苏铁	单羽苏铁
Cycas multipinnata C. J. Chen et S. Y. Yang	*Cycas panzhihuaensis* L. Zhou et S. Y. Yang	*Cycas pectinata* Buch.-Ham.	*Cycas revoluta* Thunb.	*Cycas segmentifida* D. Yue Wang et C. Y. Deng	*Cycas sexseminifera* F. N. Wei	*Cycas simplicipinna* (Smitinand) K. D. Hill

132	134	136	138	140	142	144
四川苏铁	台东苏铁	闽粤苏铁	绿春苏铁	银杏	百山祖冷杉	资源冷杉
Cycas szechuanensis Cheng et L. K. Fu	*Cycas taitungensis* C. F. Shen, K. C. Hill, C. H. Tsou et C. J. Chen	*Cycas taiwaniana* Carruth.	*Cycas tanqingii* D. Yue Wang	*Ginkgo biloba* L.	*Abies beshanzuensis* M. H. Wu	*Abies beshanzuensis* var. *ziyuanensis*（L. K. Fu et S. L. Mo）L. K. Fu et Nan Li

146	148	150	152	154	156	158
秦岭冷杉	梵净山冷杉	元宝山冷杉	银杉	台湾油杉	海南油杉	柔毛油杉
Abies chensiensis Tiegh.	*Abies fanjingshanensis* W. L. Huang, Y. L. Tu et S. T. Fang	*Abies yuanbaoshanensis* Y. J. Lu et L. K. Fu	*Cathaya argyrophylla* Chun et Kuang	*Keteleeria davidiana* var. *formosana* (Hayata) Hayata	*Keteleeria hainanensis* Chun et Tsiang	*Keteleeria pubescens* Cheng et L. K. Fu

160	162	164	166	168	170	172
四川红杉	太白红杉	油麦吊云杉	大果青杆	兴凯赤松	大别山五针松	红松
Larix mastersiana Rehder et E. H. Wilson	*Larix potaninii* var. *chinensis* (Beissn.) L. K. Fu et Nan Li	*Picea brachytyla* var. *complanata* (Mast.) Cheng ex Rehder	*Picea neoveitchii* Mast.	*Pinus densiflora* var. *ussuriensis* Liou et Z. Wang	*Pinus dabeshanensis* Cheng et Law	*Pinus koraiensis* Siebold et Zucc.

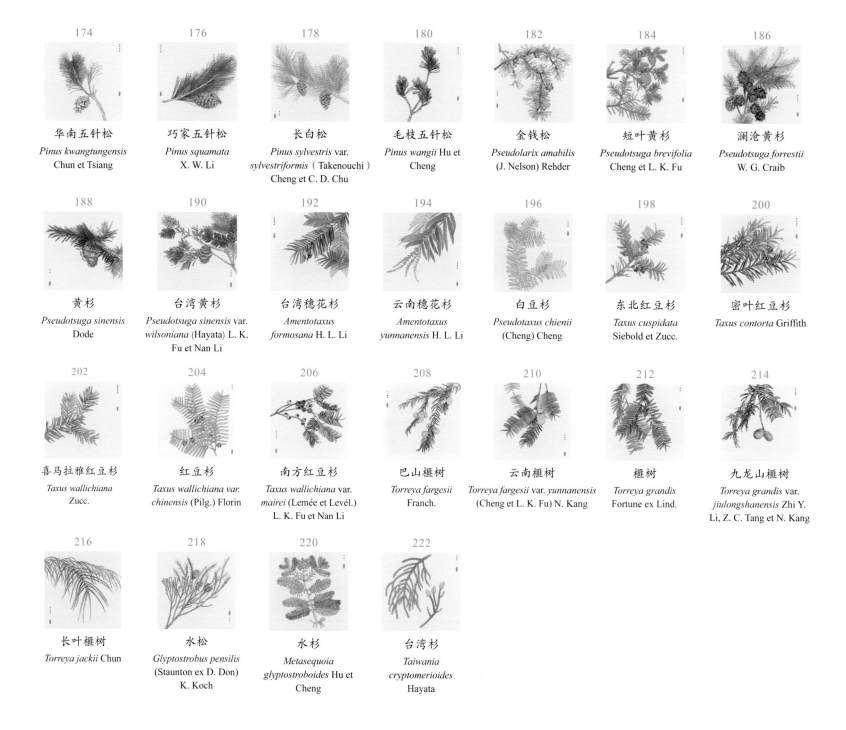

174	176	178	180	182	184	186
华南五针松	巧家五针松	长白松	毛枝五针松	金钱松	短叶黄杉	澜沧黄杉
Pinus kwangtungensis Chun et Tsiang	*Pinus squamata* X. W. Li	*Pinus sylvestris* var. *sylvestriformis*（Takenouchi）Cheng et C. D. Chu	*Pinus wangii* Hu et Cheng	*Pseudolarix amabilis* (J. Nelson) Rehder	*Pseudotsuga brevifolia* Cheng et L. K. Fu	*Pseudotsuga forrestii* W. G. Craib

188	190	192	194	196	198	200
黄杉	台湾黄杉	台湾穗花杉	云南穗花杉	白豆杉	东北红豆杉	密叶红豆杉
Pseudotsuga sinensis Dode	*Pseudotsuga sinensis* var. *wilsoniana* (Hayata) L. K. Fu et Nan Li	*Amentotaxus formosana* H. L. Li	*Amentotaxus yunnanensis* H. L. Li	*Pseudotaxus chienii* (Cheng) Cheng	*Taxus cuspidata* Siebold et Zucc.	*Taxus contorta* Griffith

202	204	206	208	210	212	214
喜马拉雅红豆杉	红豆杉	南方红豆杉	巴山榧树	云南榧树	榧树	九龙山榧树
Taxus wallichiana Zucc.	*Taxus wallichiana* var. *chinensis* (Pilg.) Florin	*Taxus wallichiana* var. *mairei* (Lemée et Levél.) L. K. Fu et Nan Li	*Torreya fargesii* Franch.	*Torreya fargesii* var. *yunnanensis* (Cheng et L. K. Fu) N. Kang	*Torreya grandis* Fortune ex Lind.	*Torreya grandis* var. *jiulongshanensis* Zhi Y. Li, Z. C. Tang et N. Kang

216	218	220	222
长叶榧树	水松	水杉	台湾杉
Torreya jackii Chun	*Glyptostrobus pensilis* (Staunton ex D. Don) K. Koch	*Metasequoia glyptostroboides* Hu et Cheng	*Taiwania cryptomerioides* Hayata

蕨类植物

法斗观音座莲

Angiopteris sparsisora Ching

National Protection Level II

【分类地位】

观音座莲科 Angiopteridaceae

Flora of China 和 PPG 系统（2016）已将该科并入到合囊蕨科 Marattiaceae

【形态特征】

多年生大型蕨类。根状茎肉质，横卧，短圆柱形。叶 2~3 片簇生茎顶。叶柄长 35~70cm，平滑，上面有浅沟，疏被暗棕色近盾状着生的流苏鳞片，基部肉质膨大呈马蹄状，两侧具耳状托叶。羽片 2~3（7）对，互生或对生，近等大，长圆形。叶轴、羽轴、小羽片中脉及侧脉略有 1~2 个深棕色鳞片。孢子囊群短线形，间距较宽，长短不一。孢子囊群下面具有分支隔丝。孢子球表面有较密的瘤状突起。

【生活习性】

生于海拔 1500~1550m 谷内山坡常绿阔叶林下。孢子期 7~10 月。

【地理分布】

中国特有，产于云南东南部（西畴）。

【保护地位】

国家保护级别 II。

【保护建议】

保护原产地的森林植被。

二回原始观音座莲

Archangiopteris bipinnata Ching

Flora of China 采用的接受名为 *Angropteris bipinnata*（Ching）J. M. Camus

【分类地位】

观音座莲科 Angiopteridaceae

Flora of China 和 PPG 系统（2016）已将该科并入到合囊蕨科 Marattiaceae

【形态特征】

陆生大中型草本蕨类。植株高约 1m，叶柄长达 70cm，连同叶轴和小叶轴疏生棕色披针形或线形鳞片，中部有节状的肉质膨大。叶片三角状长圆形，草质，两面无毛，基部 2 回羽片状，向上为 1 回羽状，中部以上的羽片披针形，边缘有粗齿。基部羽片特大，羽状。孢子囊群线形，长达 5mm，稍近侧脉的基部，距叶边 2~4mm 处，沿生于单脉上或分叉脉上，由 20~40 个孢子囊组成，在孢子囊群下面有许多密生分支的隔丝。

【生活习性】

生于海拔 1100~1300m 杂木林下。孢子期 7~10 月。

【地理分布】

中国特有，产于云南东南部。

【保护地位】

国家保护级别 II。

【保护建议】

保护原产地的森林植被，防止生境进一步破碎化和丧失，保护自然种群。

蕨类植物·二回原始观音座莲

亨利原始观音座莲

Aechangiopteris henryi Christ et Gisesnh.

Flora of China 采用的接受名为 *Angiopteris latipinna*（Ching）Z. R. He, W. M. Chu et Christenh.

National Protection Level II

【分类地位】

观音座莲科 Angioperidaceae

Flora of China 和 PPG 系统（2016）已将该科并入到合囊蕨科 Marattiaceae

【形态特征】

陆生大中型草本蕨类，高 80~120cm。根状茎近直立，直径 2~3cm。叶簇生，叶柄上面有宽沟槽，绿色，草质，中央稍下处有节状膨大。鳞片多数，狭窄披针形，棕色，宿存。叶片草质，卵形，一回羽状。羽片 2~4 对，顶生一片与侧生的同形而较大，侧生羽片对生，斜出，具柄。叶边全缘或略波状，顶部具锯齿。孢子囊群线形，由 60~160 个孢子囊组成，位于中肋和叶边之间，彼此被等宽的间隙分开。隔丝红褐色，细长，节状，分叉，较长于孢子囊群。

【生活习性】

生于海拔 100~300m 的山坡下部林下及沟谷边缘。孢子期 7~10 月。

【地理分布】

中国特有，产于云南东南部（金平、屏边）。

【保护地位】

国家保护级别 Ⅱ。

【保护建议】

保护原产地的森林植被，防止生境进一步破碎化和丧失，保护自然种群。

亨利原始观音座莲

东北对开蕨

Phyllitis japonica Kom.

Flora of China 采用的接受名为 *Asplenium Romarovii* Akasawa

National Protection Level II

【分类地位】

铁角蕨科 Aspleniaceae

【形态特征】

植株高约 60cm。根状茎粗壮，和叶柄基部均密被鳞片。叶（3）5~8 枚簇生。叶片舌状披针形，长 15~45cm，先端短渐尖，向下略变狭，基部心脏形，两侧耳状，具软骨质。叶鲜时稍肉质，干后薄草质，棕绿色，干后侧脉间有凹点。孢子囊群粗线形，靠近或略离主脉向外行，着生相邻两小脉间一侧。囊群盖线形，向侧脉相对开，宿存。

【生活习性】

颇为耐寒，成片生于海拔 700~1000m 的落叶混交林下腐殖质层中。孢子期 7~10 月。

【地理分布】

产于吉林、台湾。北美、俄罗斯（远东地区）、日本、朝鲜半岛有分布。

【保护地位】

国家保护级别 II。

【保护建议】

加大原产地保护，禁止采折，开展人工培育。

光叶蕨

Cystoathyrium chinese Ching

National Protection Level II
The International Union for Conservation of Nature's Red List of Threatened Species, Critically Endangered (CR)
Plant Species with Extremely Small Populations (PSESP)

【分类地位】

蹄盖蕨科 Athyriaceae

【形态特征】

林下阴地常绿植物。植株高约 40cm。根状茎短横卧，仅先端及叶柄基部略被 1~2 枚深棕色披针形小鳞片。叶密生，基部有小鳞片，叶片狭披针形，羽片 30 对左右，近对生，平展，无柄。裂片可达 10 对左右，斜向上，边缘全缘，或下部 1~2 对略具小圆齿。孢子囊群圆形，每裂片一枚，生于基部上侧小脉背部，靠近羽轴两侧各排列成一行。囊群盖卵圆形，薄膜质，被压于孢子囊群下面，似无盖。孢子卵圆形，深褐色，不透明，表面具较密的棘状突起。

【生活习性】

生于海拔 2450m 的林下阴湿处。孢子期 7~10 月。

【地理分布】

中国特有，分布于四川西部（天全），河南（西峡）有零星分布。

【保护地位】

国家保护级别 II，IUCN 红色名录等级 CR，极小种群物种。

【保护建议】

保护原产地自然种群，开展人工培育。

苏铁蕨

Brainea insignis (Hook.) J. Sm.

National Protection Level II

【分类地位】

乌毛蕨科 Blechnaceae

【形态特征】

植株高达 1.5m。根状茎短而粗壮，木质，主轴直立圆柱形。叶簇生于主轴的顶部，略呈二型，革质，光滑或下面有少量鳞片。叶片椭圆披针形，羽片 30~50 对，对生或互生，线状披针形，基部不对称心形，近于无柄，边缘有细密锯齿，偶有少数不整齐的裂片。叶脉两面明显。能育叶羽片较短较狭，边缘有时呈不规则的浅裂，孢子囊群成熟时满布于羽片的下面。

【生活习性】

生于海拔 450~1700m 的山坡向阳处。孢子期 7~10 月。

【地理分布】

分布于广东、广西、海南（东方、琼中）、福建南部、云南、台湾（南投）。印度至东南亚有分布。

【保护地位】

国家保护级别 II。珍贵的古老植物。

【保护建议】

保护原产地生境，扩大居群面积。建立种质基因库以及种苗基地，加大迁地保护。

苏铁蕨

天星蕨

Christensenia assamica (Griff.) Ching

National Protection Level II
Convention on International Trade in Endangered Species of Wild Fauna and Flora Appendix II

【分类地位】

天星蕨科 Christenseniaceae

Flora of China 和 PPG 系统（2016）已将该科并入到合囊蕨科 Marattiaceae

【形态特征】

土生草本蕨类。植株高 50~65cm。根状茎，横走，肉质粗肥，下面生肉质长根。叶散生或近生，有柄，叶柄长 30~40cm，多汁草质，被细毛，基部具有 2 片肉质小托叶。叶片由 3 个分离羽片组成，有时不分裂，中央羽片较大，有短柄；侧生 1 对羽片较小，无柄，阔镰刀形，常与中央羽片呈覆瓦状叠生。叶草质，上面光滑，中肋和侧脉明显而粗，被红棕色的短绒毛。孢子囊群散生于侧脉之间，大而圆，中空如钵，生于网脉连接点上。

【生活习性】

生于海拔 900m 的雨林内。孢子期 7~10 月。

【地理分布】

产于云南东南部（金平）。缅甸及印度（北部）有少量分布。

【保护地位】

国家保护级别 II，CITES 附录 II。

【保护建议】

保护地域狭窄的原产地生境，保护自然种群。人工培育。

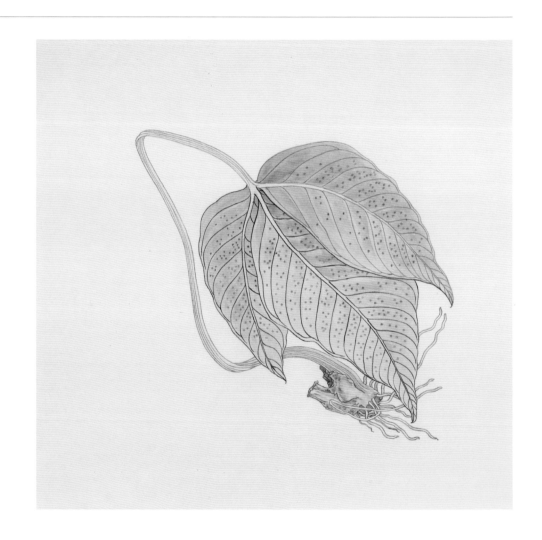

毛叶黑桫椤

Alsophila andersonii Scott ex Bedd.

【分类地位】

桫椤科 Cyatheaceae

【形态特征】

植株乔木状，茎干高 6~9m。叶柄粗糙或有小疣突，具披针形的鳞片，早落。羽轴下面疏被展开的灰白色硬毛，近基部被鳞片。小羽片基部下侧的裂片通常分离，间或有少数贴生达小羽轴；裂片较薄，下部近全缘，略呈镰形，先端钝尖至钝圆形；小羽轴的基部常有小鳞片。孢子囊群小，圆球形，生于叶脉中部，无囊群盖；隔丝苍白色，细长，成熟时较孢子囊长。

【生活习性】

生于海拔 700~1200m 的山坡季雨林林缘。孢子期 7~10 月。

【地理分布】

产于云南和西藏东南部（墨脱）。不丹、印度（东北部）有分布。

【保护地位】

国家保护级别 Ⅱ，CITES 附录 Ⅱ。

【保护建议】

以自然保护区为重点，同时开展生态学、繁殖生物学研究，扩大分布面积，避免分布区萎缩。

蕨类植物·毛叶黑桫椤

滇南桫椤

Alsophila austro yunnanensis S. G. Lu

National Protection Level II
Convention on International Trade in Endangered Species of Wild Fauna and Flora Appendix II

【分类地位】

　　桫椤科　Cyatheaceae

【形态特征】

　　大型木本蕨类，茎干高 2~7m。叶柄、叶轴和羽轴亮乌木色，长 1~1.5m，下部有尖锐的硬刺，基部密被鳞片，鳞片披针形，中部为棕色，边缘淡棕色，不整齐。叶片三回羽状深裂。不育裂片边缘和顶部具锯齿，或略呈羽状浅裂。叶片通常下部几对羽片能育，或下部羽片的基部几对小羽片能育。孢子囊群着生于不分叉的侧脉中部以下，靠近主脉。

【生活习性】

　　生于海拔 800~1400m 的山坡阳面。孢子期 7~10 月。

【地理分布】

　　中国特有，产于云南（屏边、麻栗坡）。

【保护地位】

　　国家保护级别 II，CITES 附录 II。

【保护建议】

　　重点保护分布区个体和种群，保护其生境，防止进一步破碎化。人工培育，开发利用。

滇南桫椤

中华桫椤

Alsophila costularis Baker

National Protection Level II
Convention on International Trade in Endangered Species of Wild Fauna and Flora Appendix II

【分类地位】

桫椤科 Cyatheaceae

【形态特征】

植株乔木状，茎干高达 5m。叶柄具短刺和疣突，基部具鳞片；叶片长圆形；叶轴下部红棕色，下面具星散小疣；叶三回羽状深裂，羽片约 15 对，披针形，羽轴上面有沟槽，密被红棕色刚毛，下面具疣突；小羽片 30 对，无柄，深裂至 2/3 或几达小羽轴；裂片长方形，较薄，边缘具小圆齿，不育小羽片的主脉背面常有少数近于泡状的苍白色鳞片。孢子囊群着生于侧脉分叉处，靠近主脉，每裂片约 3~6 对，囊群盖膜质，隔丝短于孢子囊。

【生活习性】

生于海拔 700~2100m 的沟谷林中或密林边缘。孢子期 7~10 月。

【地理分布】

产于广西（隆林）、云南及西藏（墨脱）。不丹、孟加拉国、缅甸、印度及越南有分布。

【保护地位】

国家保护级别Ⅱ，CITES 附录Ⅱ。

【保护建议】

重点保护自然个体和种群，及其生境。人工培育。

中华桫椤

粗齿桫椤

Alsophila denticulata Baker

National Protection Level II
Convention on International Trade in Endangered Species of Wild Fauna and Flora Appendix II

【分类地位】

桫椤科 Cyatheaceae

【形态特征】

大中型木本蕨类，植株高达 0.6~1.4m。主干短而横卧。叶簇生；叶柄稍有疣状突起，基部生鳞片；鳞片线形，光亮，边缘有疏长刚毛。叶片披针形，二回羽状至三回羽状；羽片 12~16 对，互生，斜向上，有短柄，长圆形，基部一对羽片稍缩短。羽轴红棕色，有疏的疣状突起，疏生窄线形的鳞片，较大的鳞片边缘有刚毛；小羽轴及主脉密生鳞片。孢子囊群圆形，生于小脉中部或分叉上；无囊群盖；隔丝多，稍短于孢子囊。

【生活习性】

生于海拔 350~1520m 的山谷疏林、常绿阔叶林下及林缘沟边。孢子期 7~10 月。

【地理分布】

产于浙江、福建、江西、湖南（江华）、广东（从化）、广西、重庆（北碚）、四川（台江）、贵州（荔波）、云南、香港、台湾（苗栗、台北）。日本（南部）有分布。

【保护地位】

国家保护级别 II，CITES 附录 II。因叶边缘呈粗型锯齿状而得名，和恐龙同时代的古老孑遗植物，有"植物活化石"之称。

【保护建议】

保护自然种群，防止原产地的森林植被以及其赖以生存的温暖、潮湿、荫蔽、土层肥厚和排水良好的脆弱环境。禁止盗伐盗挖。

粗齿桫椤

兰屿桫椤

Alsophila fenicis (Copel.) C. Chr

National Protection Level II
Convention on International Trade in Endangered Species of Wild Fauna and Flora Appendix II

【分类地位】

桫椤科 Cyatheaceae

【形态特征】

大中型木本蕨类，茎干高约1m。叶柄长35~65cm，基部褐色，具短刺和小型鳞片；叶片椭圆形，三回羽状深裂，叶轴褐色，具短刺；羽片基部一对明显较短；小羽片长几乎无柄；裂片边缘锯齿状，基侧脉游离，单叉。孢子囊群圆形，囊群盖下位，鳞片状。

【生活习性】

生于低海拔常绿阔叶林下潮湿环境中。孢子期7~10月。

【地理分布】

中国特有。产于台湾（台东）。

【保护地位】

国家保护级别Ⅱ，CITES附录Ⅱ。

【保护建议】

保护原产地的森林植被，保护温和、湿润的生境，保护自然种群。禁止砍伐，开展人工培育。

兰屿桫椤

大叶黑桫椤

Alsophila gigantean Wall. ex Hook.

National Protection Level II
Convention on International Trade in Endangered Species of Wild Fauna and Flora Appendix II

【分类地位】

　　桫椤科 Cyatheaceae

【形态特征】

　　大型木本蕨类，高 2~5m，有主干。叶长达 3m，叶柄长 1m 多，乌木色，光亮。叶片三回羽裂，羽片平展，有短柄；小羽片约 25 对，条状披针形，顶端渐尖有浅齿，基部截形，羽裂达 1/2~3/4，小羽轴上面被毛，下面疏被小鳞片。叶脉下面可见，基部下侧叶脉多出自小羽轴。孢子囊群着生于主脉与叶缘之间，无囊群盖。

【生活习性】

　　生于海拔 600~1000m 的山林林下及林缘沟边，热带亚热带常绿阔叶林中。孢子期 7~10 月。

【地理分布】

　　产于广东、广西（百色、博白）、海南、重庆（铜梁）、云南。日本（南部）、印度尼西亚（爪哇、苏门答腊）、马来西亚、越南、老挝、柬埔寨、缅甸、泰国、尼泊尔、印度有分布。

【保护地位】

　　国家保护级别 II，CITES 附录 II。

【保护建议】

　　保护自然种群，保护零星分布的生境。人工培育。禁止盗伐盗挖。

大叶黑桫椤

喀西黑桫椤（西亚桫椤）

Alsophila khasyana T. Moore ex Kuhn

【分类地位】

桫椤科 Cyatheaceae

【形态特征】

大中型木本蕨类，高 1.5m。叶柄黑色，无刺，基部密被鳞片，鳞片有睫毛。叶轴、羽轴棕褐色，羽轴下面光滑，上面连同小羽轴密被刚毛，小羽轴下面有针形鳞片，主脉下面有稀疏勺状棕色小鳞片。叶片三回羽状深裂，小羽片披针形，具短柄，羽状深裂；裂片约 17 对，近长方形，边缘和顶部具锯齿，基部 1 对近分离，其余深裂几近达羽轴。孢子囊群圆球形，着生侧脉中下部，近主脉，无囊群盖。

【生活习性】

生于海拔 1200~1800m 的常绿林下。孢子期 7~10 月。

【地理分布】

产于云南、西藏（墨脱）。广布于缅甸及印度（北部）。

【保护地位】

国家保护级别 II，CITES 附录 II。

【保护建议】

保护自然种群，防止脆弱生境进一步丧失。禁止盗伐盗挖。

蕨类植物·喀西黑桫椤（西亚桫椤）

阴生桫椤

Alsophila latebrosa Wall. ex Hook.

National Protection Level II
Convention on International Trade in Endangered Species of Wild Fauna and Flora Appendix II

【分类地位】

桫椤科 Cyatheaceae

【形态特征】

大型木本蕨类，茎干高达 5m。叶柄羽轴褐禾杆色至淡棕色，下面密生小疣突，羽轴下面粗糙，小羽轴上面密被棕色毛。叶片三回羽状分裂。羽片稍斜展，顶端长渐尖，基部截形而略不对称。叶脉线面略可见，侧脉通常 2 叉。孢子囊群近主脉着生，囊群盖鳞片状，着生于囊托基部近主脉一侧，成熟时通常被孢子囊群覆盖，隔丝较孢子囊长。

【生活习性】

生于海拔 350~1000m 的林下溪边阴湿处。孢子期 7~10 月。

【地理分布】

产于海南、云南（河口）。柬埔寨、泰国及加里曼丹岛、马来半岛、印度尼西亚（苏门答腊）有分布。

【保护地位】

国家保护级别 Ⅱ，CITES 附录 Ⅱ。

【保护建议】

保护自然种群，防止脆弱生境进一步丧失。禁止盗伐盗挖。

阴
生
桫
椤

南洋桫椤

Alsophila loheri (Christ) R. M. Tryon
Cyathea loheri Christ

National Protection Level II
Convention on International Trade in Endangered Species of Wild Fauna and Flora Appendix II

【分类地位】

桫椤科 Cyatheaceae

【形态特征】

大型木本蕨类，茎干高 5m。叶柄短，无刺，被灰白色发亮的鳞片，鳞片具薄而脆的边。叶轴和羽轴的下面密被很细小的不整齐的鳞片和大而薄的灰白色披针形鳞片。叶片三四羽裂至三四羽状。羽片下部几对渐缩短。小羽片几无柄，裂片通常全缘，边缘常内卷。侧脉 2 叉。主脉密被三色状鳞片。孢子囊群圆形，大囊群盖被状至近于球形，纸质，棕色，向裂片边缘开口。

【生活习性】

生于海拔 600~2500m 的山地常绿阔叶林中。孢子期 7~10 月。

【地理分布】

产于台湾（屏东、台东）。菲律宾及加里曼丹岛北部有分布。

【保护地位】

国家保护级别 II，CITES 附录 II。

【保护建议】

保护自然种群，保护原产地的森林植被，以及温和、湿润的生境。禁止砍伐，开展人工培育。

南洋桫椤

小黑桫椤

Alsophila metteniana Hance

National Protection Level II
Convention on International Trade in Endangered Species of Wild Fauna and Flora Appendix II

【分类地位】

桫椤科 Cyatheaceae

【形态特征】

大型木本蕨类，植株高达2m。根状茎短而斜升，密生黑棕色鳞片。叶柄黑色，基部鳞片宿存，鳞片线形。叶片三回羽裂，羽片长达40cm；小羽片长6~9cm，向顶端渐狭，羽状深裂；叶片两面侧脉被针状毛。羽轴红棕色，近光滑；小羽轴基部生鳞片，鳞片黑棕色。孢子囊群着生于小脉中部，无囊群盖；隔丝多，长度较孢子囊稍长或近相等。

【生活习性】

生于海拔260~1200m的低山坡常绿阔叶林林下、溪旁或沟边。孢子期7~10月。

【地理分布】

产于浙江（苍南）、福建、江西（崇义、井冈山）、湖南、广东、广西（金秀、兴安）、重庆、四川（峨眉山）、贵州（赤水）、云南（河口、西畴）、台湾（台北、宜兰）。日本有分布。

【保护地位】

国家保护级别Ⅱ，CITES附录Ⅱ。

【保护建议】

保护原产地的森林植被，以及其赖以生存的温暖、潮湿、荫蔽、土层肥厚和排水良好的脆弱环境。禁止盗伐盗挖。

蕨类植物·小黑桫椤

黑桫椤（结脉黑桫椤）

Alsophila podophylla Hook.

National Protection Level II
Convention on International Trade in Endangered Species of Wild Fauna and Flora Appendix II

【分类地位】

桫椤科 Cyatheaceae

【形态特征】

大中型木本蕨类，植株高 1~3m。叶柄红棕色，基部略膨大，粗糙或略有小尖刺，被棕褐色披针形厚鳞片；叶片一回、二回深裂以至二回羽状，长 2~3m，沿叶轴和羽轴上面有棕色鳞片；羽片互生，有柄，长圆状披针形，有浅锯齿；小羽片约 20 对，互生，有柄，条状披针形，边缘近全缘或有疏锯齿。孢子囊群圆形，着生于小脉近基部处，无囊群盖，隔丝短。

【生活习性】

生于海拔 95~1100m 的山坡林中、溪边灌丛。孢子期 7~10 月。

【地理分布】

产于福建（南靖、平和）、广东、广西、海南、云南（河口、勐海）、香港、澳门、台湾（南投、台北）。柬埔寨、老挝、日本（南部）、泰国及越南有分布。

【保护地位】

属于国家保护级别 II，CITES 附录 II。

【保护建议】

重点保护自然种群，及适宜的生境。人工培育，开发利用。

黑
桫
椤

蕨类植物·黑桫椤（结脉黑桫椤）

桫椤

Alsophila spinulosa (Wall. ex Hook.) Tryon
Cyathea spinulosa Wall. ex Hook.

National Protection Level II
Convention on International Trade in Endangered Species of Wild Fauna and Flora Appendix II

【分类地位】

桫椤科 Cyatheaceae

【形态特征】

植株乔木状，高达 6m，茎上部有残存的叶柄，向下密被交织不定根。叶柄棕色，连同叶轴和羽轴有刺状突起；叶片长矩圆形，三回羽状深裂；羽片 17~20 对，二回羽状深裂；小羽片 18~20 对，披针形，羽状深；裂片 18~20 对，镰状披针形，边缘有锯齿。孢子囊群生于侧脉分叉处，靠近中脉，有隔丝，囊托突起，囊群盖球形，薄膜质，外侧开裂，成熟时反折覆盖中脉上面。

【生活习性】

生于海拔 260~1600m 的冲积土中或山谷溪边林下。主要在热带和亚热带地区。孢子期 7~10 月。

【地理分布】

产于福建、江西（鹰潭）、广东、广西、海南、重庆、四川、贵州（册亨、赤水）、云南、西藏（墨脱）、香港、台湾。不丹、柬埔寨、孟加拉国、缅甸、尼泊尔、日本、泰国（北部）、印度及越南有分布。

【保护地位】

国家保护级别 II，CITES 附录 II。

【保护建议】

保护自然种群，以及原产地的森林植被，防止脆弱生境进一步恶化。人工培育。

桫椤 篆刻

蕨类植物·桫椤

白桫椤

Sphaeropteris brunonianan (Hook.) R. M. Tryon
Alsophila brunoniana Hook.

National Protection Level II
Convention on International Trade in Endangered Species of Wild Fauna and Flora Appendix II

【分类地位】

　　桫椤科 Cyatheaceae

【形态特征】

　　植株乔木状，高达 20m。叶柄禾杆色，常被白粉，基部有小疣突；鳞片薄，灰白色，边缘有黑色刺毛；叶片大，三回羽状深裂，叶轴光滑，被白粉；羽片 20~30 对；小羽片条状披针形，深裂至几近全裂，裂片约 16~25 对，略呈镰刀形，边缘近全缘或略具波状齿。每裂片有孢子囊群 7~9 对，位于叶缘与主脉间，无囊群盖，隔丝发达，与孢子囊几乎等长或长于孢子囊。

【生活习性】

　　成片生于海拔 500~1150m 的热带亚热带常绿阔叶林林缘或山沟谷底。孢子期 7~10 月。

【地理分布】

　　产于广西（东兴）、海南、云南、西藏（墨脱）。不丹、尼泊尔、印度（北部）、孟加拉国、缅甸及越南（北部）有分布。

【保护地位】

　　国家保护级别 II，CITES 附录 II。为白垩纪时期遗留下来的珍贵树种，现存唯一的木本蕨类植物，极其珍贵，堪称国宝。

【保护建议】

　　保护成片自然种群，保护原产地的森林植被，防止脆弱生境进一步恶化。禁止乱砍伐。

白杪椤

笔筒树

Sphaeropteris lepifera (J. Sm. ex Hook.)R. M. Tryon
Alsophila lepifera J. Sm. ex Hook.

National Protection Level II
Convention on International Trade in Endangered Species of Wild Fauna and Flora Appendix II

【分类地位】

桫椤科 Cyatheaceae

【形态特征】

植株乔木状，高 6m，胸径约 15cm。叶柄上面绿色，下面淡紫色，密被鳞片，有疣突；鳞片苍白色，质薄，先端狭渐尖，边缘全部具刚毛；叶轴及羽轴禾杆色，密被显著的疣突；羽片先端尾渐尖，无柄，基部少数裂片分离，其余的几乎裂至小羽轴；羽轴下面多少被鳞片，基部的鳞片狭长，灰白色。孢子囊群近主脉着生，无囊群盖，隔丝长于孢子囊。

【生活习性】

成片生于海拔 1500m 的林缘、路边或山坡向阳地段中。孢子期 7~10 月。

【地理分布】

产于福建（厦门）、香港、台湾。菲律宾（北部）及琉球群岛有分布。

【保护地位】

国家保护级别 II，CITES 附录 II。原生长于中生代侏罗纪，为当时恐龙的主要食粮。第四纪冰川期基本灭绝。仅在中国南部和东南亚国家部分地区有少量植株残存，被称为"活化石"。

【保护建议】

加强自然种群保护。人工培育。

笔筒树

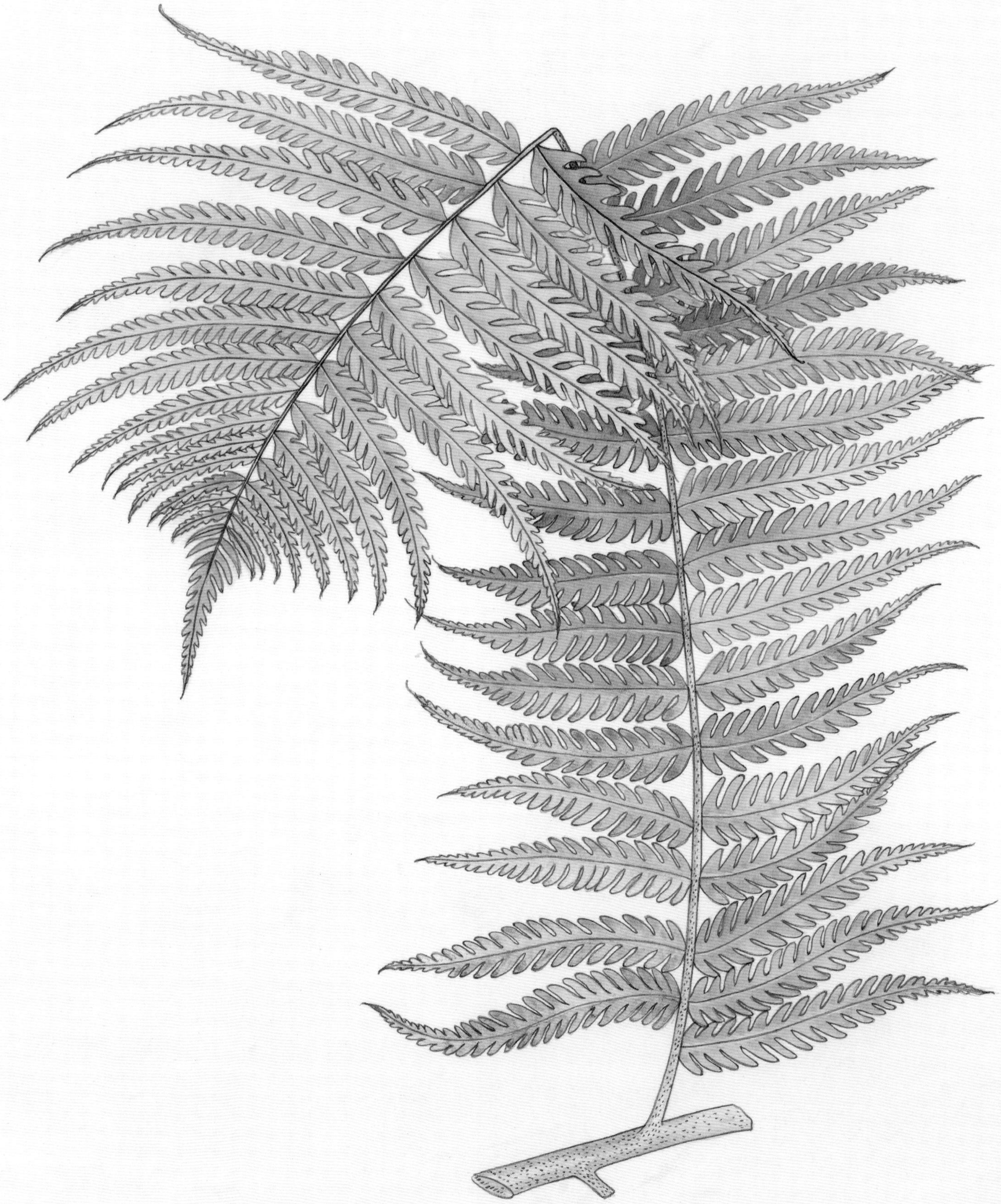

蕨类植物·笔筒树

金毛狗

Cibotium barometz (L.) J. Sm.

Polypodium barometz L.

【分类地位】

蚌壳蕨科 Dicksoniaceae

Flora of China 和 PPG 系统（2016）已成立单属科金毛狗蕨科 Cibotiaceae

【形态特征】

大型蕨类，高达 3m，体形似树蕨。根状茎平卧、粗大、端部上翘，露出地面部分密被金黄色长绒毛，形如金色狗头。叶片大，革质或厚纸质，长宽约相等，三回羽状分裂；一回小羽片互生，有小柄，线状披针形，羽状深裂几达小羽轴；末回裂片线形，边缘有浅锯齿。孢子囊群 1~5 对，生于下部小脉顶端，囊群盖坚硬，横长圆形，2 瓣状，内瓣较外瓣小，成熟时开裂如蚌壳，露出孢子囊群。

【生活习性】

生于山麓沟边及林下阴湿处。孢子期 7~10 月。

【地理分布】

产于浙江（平阳、泰顺）、福建、江西、湖南、广东、广西、海南、重庆、四川、贵州、云南、西藏（墨脱）、香港、台湾（南投）。琉球群岛、马来西亚、印度、印度尼西亚及中南半岛有分布。

【保护地位】

国家保护级别 II，CITES 附录 II。

【保护建议】

保护自然种群，禁止过度采挖。人工培育。

蕨类植物·金毛狗

台湾金毛狗

Cibotium taiwanense C. M. Kuo
Flora of China 采用的接受名为 *Cibotium Cumingii* Kunze

National Protection Level II
Convention on International Trade in Endangered Species of Wild Fauna and Flora Appendix II

【分类地位】

蚌壳蕨科 Dicksoniaceae

Flora of China 和 PPG 系统（2016）已成立单属科金毛狗蕨科 Cibotiaceae

【形态特征】

根状茎粗大，顶端密被毛。叶柄长达 2m，基部密生长 1~2cm 的绒毛。叶片三回羽裂，长达 2.5m；叶片基部之羽片或小羽片有一侧会缺乏，呈不对称，且每小羽片上有数对孢子囊群。孢子囊群生于下部的小脉顶端，囊群盖不等大，外瓣大，内瓣较窄，薄革质。

【生活习性】

生于阴湿的岩壁、林道两旁，阴湿酸性土、低海拔浅山或田野常见。孢子期 7~10 月。

【地理分布】

中国特有，产于台湾。

【保护地位】

国家保护级别 Ⅱ，CITES 附录 Ⅱ。

【保护建议】

保护自然种群，防止生境进一步丧失。严禁盗伐盗挖。

蕨类植物·台湾金毛狗

单叶贯众

Cyrtomium hemionitis Christ

National Protection Level II
The International Union for Conservation of Nature's Red List of Threatened Species, Endangered (EN)

【分类地位】

鳞毛蕨科 Dryopteridaceae

【形态特征】

植株高 4~28cm，根状茎直立，密被披针形深棕色鳞片。叶簇生，革质，腹面光滑，背面有毛状小鳞片；叶柄长 4~28cm，禾杆色，腹面有浅纵沟，通体有披针形及线形深棕色鳞片；叶通常为单叶，三角卵形或心形，下部两侧常有钝角状突起，先端急尖或渐尖，基部深心形，边缘全缘，有时下部深裂成 1 对裂片；具 3 出脉或 5 出脉，小脉联结成多行网眼，腹面微凸出，背面不明显。孢子囊群遍布羽片背面；囊群盖圆形，盾状，边缘有小齿。

【生活习性】

生于海拔 1100~1800m 的石灰岩地区常绿阔叶林林下岩石隙中。孢子期 7~10 月。

【地理分布】

中国特有，产于贵州（贵定、荔波）、云南（麻栗坡、西畴）。

【保护地位】

国家保护级别 II，IUCN 红色名录等级 EN，属濒危种。

【保护建议】

保护自然种群，防止脆弱生境进一步丧失。人工繁殖栽培。

单叶贯众

玉龙蕨（玉龙耳蕨）

Sorolepidium glaciale (Christ) Christ
Flora of China 采用的接受名为 *Polystichum glaciale* Ehrist

National Protection Level I

【分类地位】

　　鳞毛蕨科 Dryopteridaceae

【形态特征】

　　高山植物，高 10~30cm。根状茎短而直立或斜生，连同叶柄和叶轴，植株全体密被覆瓦状鳞片，鳞片大，卵状披针形，初为红棕色，老时变为苍白色，边缘具睫毛。叶簇生，厚革质，两面密被灰白色的长柔毛；叶柄上面有 2 条纵走沟槽。叶片线状披针，一回羽状或二回羽裂，羽片约 28 对，互生，近于无柄。孢子囊群圆形，生于小脉顶端，位于主脉与叶边之间，无囊群盖。

【生活习性】

　　生于海拔 3200~4700m 的高山冰川洞穴、林下岩缝中。孢子期 7~10 月。

【地理分布】

　　中国特有，产于四川（稻城、木里）、云南（丽江、香格里拉）、西藏（波密）。

【保护地位】

　　国家保护级别 I。

【保护建议】

　　保护原产地的森林植被，保持空气湿度和地下水位等原有生境，保护自然种群。人工培育，迁地保护。

玉龙蕨

蕨类植物·玉龙蕨（玉龙耳蕨）

七指蕨

Helminthostachys zeylanica（L.) Hook.

National Protection Level II

【分类地位】

七指蕨科 Helminthostachyaceae

Flora of China 和 PPG 系统（2016）已将该科并入瓶尔小草科 Ophioglossaceae

【形态特征】

根状茎横走，肉质，生有很多肉质的须根，靠近顶部生出1~2枚叶。叶柄基部有2片长圆形淡棕色的托叶。叶片无毛，由三裂的营养叶片和1枚直立的孢子囊穗组成；营养叶片分几乎三等分，每一部分由1枚顶生羽片和在其下面的1~2对侧生羽片组成，各羽片边缘全缘或稍有不整齐的锯齿。孢子囊穗单生，通常高出不育叶，囊穗直立，孢子囊环生于囊托，呈细长圆柱状。

【生活习性】

生于湿润疏荫林下。孢子期7~10月。

【地理分布】

产于海南、贵州（盘州市）、云南、台湾（屏东、台东）。广布于澳大利亚、菲律宾、马来西亚、斯里兰卡、印度（北部）、印度尼西亚及中南半岛。

【保护地位】

国家保护级别 II。

【保护建议】

保护自然种群，保护原产地的森林植被，防止生境进一步破碎化和丧失。禁止过度采挖。开展人工繁殖栽培。

高寒水韭

Isoetes hypsophila Hand. -Mazz.

National Protection Level I

【分类地位】

水韭科 Isoetaceae

【形态特征】

沼泽生植物，植株高不及5cm。根茎肉质，块状，呈2~3瓣裂。叶多汁，草质，线形，长3~4.5cm，宽约1mm，内具4个纵行气道围绕中肋，并有横膈膜分割成多数气室，先端尖，基部广鞘状，膜质，宽约4mm。孢子囊单生于叶基部，黄色无盖膜。大孢子囊矩圆形，光滑无纹饰。小孢子囊矩圆形。

【生活习性】

生于海拔约4300m的高山湿地、湖泊、沼泽草甸。孢子期7~10月。

【地理分布】

中国特有，产于四川（稻城、九龙）、云南（丽江、宁蒗）。

【保护地位】

国家保护级别 I。系统演化原始且孤立，在分类学上具有较高科研价值。

【保护建议】

保护高原湿地，防止生境退化。保护自然种群。

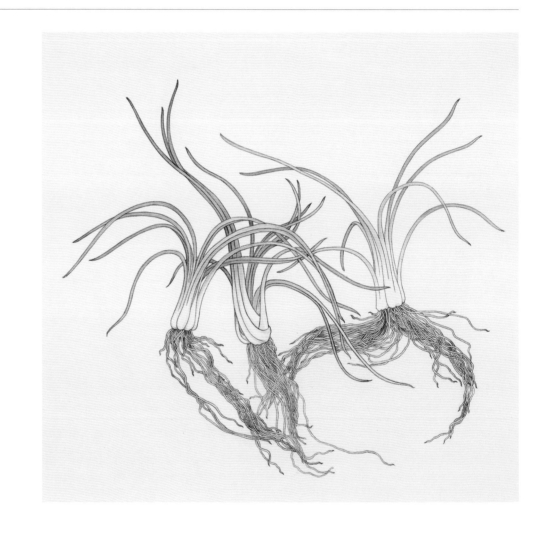

高寒水韭

蕨类植物·高寒水韭

东方水韭

Isoetes orientalis H. Liu et Q. F. Wang

National Protection Level I

【分类地位】

水韭科 Isoetaceae

【形态特征】

本种近似中华水韭，根状茎分裂。叶 20~40 个簇生，叶舌卵状三角形，长 1.5~2mm，宽 2~3mm，盖膜不完整，仅覆盖孢子囊的上侧边。大孢子表面具网状纹饰，小孢子表面带刺的瘤状突起。

【生活习性】

生于海拔约 1200m 的山沟中水流较慢的浅沼泽地带。大孢子 5~9 月成熟，小孢子 6~10 月成熟。

【地理分布】

中国特有，于浙江松阳，发现 1 个自然居群，后在福建省泰宁峨嵋峰自然保护区发现了 2 个自然居群。

【保护地位】

国家保护级别 I。

【保护建议】

保护原产地种群，防止自然分布日益缩小或片段化。禁止过度采挖。

东方水韭

中华水韭

Isoetes sinensis Palmer

National Protection Level I
The International Union for Conservation of Nature's Red List of Threatened Species, Critically Endangered (CR)

【分类地位】

水韭科 Isoetaceae

【形态特征】

多年生沼生植物，植株高 15~30cm。根状茎肉质，块状，具多数二叉分枝的根。叶丛生，多汁，线形，内具 4 个纵行气道围绕中肋，并有横膈膜分割成多数气室，腹部有三角形渐尖的叶舌。孢子囊椭圆形，具白色盖膜。

【生活习性】

生于海拔 10~600m 的浅水池沼、塘边或山沟淤泥土上。孢子期 5~10 月末。

【地理分布】

中国特有，产于江苏（南京）、浙江、安徽、江西（彭城、泰和）、湖南（通道）等地。

【保护地位】

国家保护级别 I，IUCN 红色目录等级 CR。属极度濒危的孑遗植物。

【保护建议】

重点保护自然种群。引种保存于水生区。人工培育。

中华水韭

台湾水韭

Isoetes taiwanensis De Vol

National Protection Level I
The International Union for Conservation of Nature's Red List of Threatened Species, Critically Endangered (CR)

【分类地位】

水韭科 Isoetaceae

【形态特征】

水生至湿生植物。根茎块状，2~4 裂，上部扁平，下部成圆柱状，基部边缘有薄膜状物质，尖端有气孔散布。叶展开，多汁，草质，鲜绿色，线形，15~90 叶一束，丛生于球茎顶，呈螺旋状排列，具空腔，仅具单脉。叶舌呈三角形延长。孢子囊长于叶基部内侧，有盖膜。大孢子囊阔椭圆形，表面具皱纹状至网状纹饰。小孢子灰色，椭圆形，具小刺，大孢子湿时呈灰色，干时为白色。

【生活习性】

生于海拔 860m 的浅水地，具有干湿双栖性。孢子期 7~10 月。

【地理分布】

中国特有，产于台湾台北七星山的梦幻湖。

【保护地位】

国家保护级别 I，IUCN 红色名录等级 CR。

【保护建议】

重点保护自然种群，防止脆弱生境丧失。

台湾水韭

云贵水韭

Isoetes yunguiensis Q. F. Wang et W. C. Taylor

National Protection Level I

【分类地位】

水韭科 Isoetaceae

【形态特征】

多年生沉水植物。根茎短而粗，肉质块状，基部有多条白色须根。叶多数，丛生，草质，线形，半透明，绿色，长20~30cm，宽0.5~1cm，横切面三角状半圆形。植株外围的叶生大孢子囊，大孢子球状四面形，表面具不规则的网状纹饰。小孢子囊生于内部叶片基部的向轴面，内生多数灰色粉末状小孢子。

【生活习性】

生于海拔1800~1900m的沼泽地或水流缓慢而流动的污泥沟内。孢子期7~10月。

【地理分布】

中国特有，产于云南（昆明、寻甸），贵州（平坝）。

【保护地位】

国家保护级别 I。

【保护建议】

保护自然种群，禁止人为活动对水生环境的破坏和干扰。

粗梗水蕨

Ceratopteris pteridoides (Hook.) Hieron.
Parkeria pteridoides Hook.

National Protection Level II

【分类地位】

水蕨科 Parkeriaceae

Flora of China 和 PPG 系统（2016）已将该科并入凤尾蕨科 Pteridaceae

【形态特征】

水生或沼生蕨类，植株通常漂浮，高 20~30cm。叶柄、叶轴与下部羽片的基部均显著膨胀呈圆柱形，叶柄基部尖削，布满细长的根。叶二型，不育叶为深裂的单叶，绿色，光滑，柄长约 8cm，叶片卵状三角形，裂片宽带状；能育叶比不育叶高，幼嫩时绿色，成熟时棕色，光滑。叶片宽三角形，2~4 回羽状。孢子囊沿主脉两侧的小脉着生，幼时位反卷的叶缘所覆盖，成熟时张开，露出孢子囊。

【生活习性】

成片漂浮于海拔 100~800m 的湖沼、池塘中。孢子期 7~10 月。

【地理分布】

产于江苏（南京）、安徽（东至、黄山）、湖北（武汉）。东南亚及美洲有分布。

【保护地位】

国家保护级别 II。

【保护建议】

维持自然种群稳定，防止生境破碎化和丧失。迁地保护。

水 蕨

Ceratopteris thalictroides (L.) Brongn.

National Protection Level II
The International Union for Conservation of Nature's Red List of Threatened Species, Least Concern (LC)

【分类地位】

水蕨科 Parkeriaceae

Flora of China 和 PPG 系统（2016）已将该科并入凤尾蕨科

Pteridaceae

【形态特征】

沼生蕨类，植株多汁柔软，根状茎短而直立。叶柄连同叶轴不显著膨胀，直径 1cm 以下，高 5~50cm，能育叶比不育叶高，长圆形或卵形，二至三回羽状深裂；羽片 3~8 对，互生，具柄，下部 1~2 对羽片最大，向上各对羽片逐渐变小。孢子囊沿主脉两侧网眼着生，稀疏，棕色，孢子四面型，无周壁，外壁厚，分内外层，外层具肋条状纹饰。

【生活习性】

生于海拔 10~880m 的池沼、水田及水沟淤泥中，有时漂浮于深水面上。孢子期 7~10 月。

【地理分布】

产于江苏（无锡）、浙江、安徽（歙县）、福建、江西（临川、永修）、山东（微山）、湖南（东安、炎陵）、广东（怀集、深圳）、广西、海南、四川（成都）、云南、香港、台湾。热带和亚热带及日本有分布。

【保护地位】

国家保护级别 II，IUCN 红色名录等级 LC。

【保护建议】

保护生境免受破坏、污染及片段化。人工培育，迁地保护。

水蕨

瓦氏鹿角蕨（绿孢鹿角蕨）

Platycerium wallichii Hook.

National Protection Level II

【分类地位】

鹿角蕨科 Platyceriaceae

Flora of China 和 PPG 系统（2016）已将该科并入水龙骨科 Polypodiaceae

【形态特征】

附生蕨类。根状茎肉质，短而横卧，密被淡棕或灰白色鳞片。叶二列，二型；基生不育叶（腐殖叶）宿存，厚革质，下部肉质，上部薄，无柄，贴生于树干上，长宽近相等，3~5次叉裂；正常能育叶常成对生长，下垂，灰绿色，不等大3裂，基部下延，近于无柄，内侧裂片最大，多次分叉成窄裂片。孢子囊散生于主裂片第一次分叉的凹缺以下；隔丝灰白色，被星状毛，其孢子叶十分别致，形似梅花鹿角。

【生活习性】

生于海拔 210~950m 的山地雨林中。孢子期 7~10 月。

【地理分布】

产于云南（盈江）。缅甸、泰国、印度（东北部）有分布。

【保护地位】

国家保护级别 II。

【保护建议】

保护原产地植被，使原生热带雨林和季雨林免遭破坏，维护脆弱的温暖阴湿环境。禁止乱砍滥伐。

蕨类植物·瓦氏鹿角蕨（绿孢鹿角蕨）

扇 蕨

Neocheiropteris palmatopedata (Baker) Chist
Polypodium palmatopedatum Baker

National Protection Level II
The International Union for Conservation of Nature's Red List of Threatened Species, Endangered (EN)

【分类地位】

水龙骨科 **Polypodiaceae**

【形态特征】

植株高达 65cm。根状茎粗壮，横走，密被卵状披针形鳞片。叶远生，近纸质，下面疏生棕色小鳞片；叶片扇形，长25~30cm，鸟足形掌状分裂，中裂片披针形，两侧的向外渐短，全缘；叶脉网状，网眼细密，有内藏小脉。孢子囊群聚生于裂片下部，紧靠主脉，圆形或椭圆形。

【生活习性】

生于海拔 1500~2700m 的密林下或山崖林下及沟谷石灰岩地段。孢子期 7~10 月。

【地理分布】

产于四川、贵州、云南。缅甸有分布。

【保护地位】

国家保护级别 II，IUCN 红色名录等级 EN。

【保护建议】

建立扇蕨保护点。严禁采挖和乱砍滥伐上层林木。

中国蕨

Sinopteris grevilleoides (Christ) C. Chr. et Ching

Cheilanthes grevilleodies Christ

Flora of China 采用的接受名为 *Aleuritopteris grevilleoides* (Chirst) G. M. Zhang ex X. C. Zhang

National Protection Level II

The International Union for Conservation of Nature's Red List of Threatened Species, Endangered (EN)

【分类地位】

中国蕨科 Sinopteridaceae

Flora of China 和 PPG 系统（2016）已将该科并入凤尾蕨科 Pteridaceae

【形态特征】

小型旱生蕨类，植株高 18~25cm。根状茎短而直立，密被鳞片。叶簇生；叶柄黑色，下部被鳞片，向上渐光滑；叶片五角形，长宽近相等，近 3 等裂，中央羽片最大，羽状深裂；裂片约 15 对，中部的最大，全缘或有 1~2 粗齿，侧生羽片三角形，二回羽裂。叶干后革质，上面光滑，下面被腺体，分泌白色蜡质粉末。孢子囊群生小脉顶端；囊群盖窄，具三角形粗齿，覆盖孢子囊群。

【生活习性】

生于海拔 1100~1800m 的裸露的干旱岩石上或岩缝中。孢子期 7~10 月。

【地理分布】

中国特有，产于云南（宾川、大姚）。

【保护地位】

国家保护级别 II，IUCN 红色名录等级 EN。中国蕨科最原始成员。

【保护建议】

保护自然种群。人工培育，迁地保护。

中
国
蕨

裸子植物

贡山三尖杉

Cephalotaxus lanceolata K. M. Feng ex Cheng, L. K. Fu et C. Y. Cheng

National Protection Level II
The International Union for Conservation of Nature's Red List of Threatened Species, Vulnerable (VU)

【分类地位】

三尖杉科 Cephalotaxaceae

Christenhusz et al（2011）将该科归并到红豆杉科 Taxaceae

【形态特征】

常绿乔木，高达 20m，胸径 40cm。树皮紫色，平滑，枝条下垂。小枝常对生，基部有宿存芽鳞。叶薄革质，交互对生或近对生，排列成两列，披针形，微弯或直，长 4.5~10cm，宽 4~7cm，上部渐窄，先端成渐尖的长尖头，基部圆形，上面中脉隆起，下面气孔带白色，绿色中脉明显，具短柄。雌雄异株；雌球花具长梗，花轴上端有交叉对生的苞片。种子当年成熟，核果状，倒卵状椭圆形，长 3.5~4.5cm，肉质假种皮熟时绿褐色。

【生活习性】

散生于海拔约 1900m 混交林中。花期 4~5 月，种期 10 月成熟。

【地理分布】

产于云南西北部（贡山、丽江）。缅甸（北部）有分布。

【保护地位】

国家保护级别 II，IUCN 红色名录等级 VU。

【保护建议】

禁止砍伐。保护分布区植被，防止原产地生境进一步破碎化和丧失。

篦子三尖杉

Cephalotaxus oliveri Mast.

National Protection Level II
The International Union for Conservation of Nature's Red List of Threatened Species, Vulnerable (VU)

【分类地位】

三尖杉科 Cephaloaxaceae

Christenhusz et al（2011）将该科归并到红豆杉科 Taxaceae

【形态特征】

常绿灌木。叶线形，螺旋着生，排成二列，紧密，质硬，通常中部以上向上微弯，长 1.5~3.2cm，先端微急尖，基部截形或心脏状截形，近无柄，下延部分之间有明显沟纹，上面微凸，中脉微明显或仅中下部明显。雄球花 6~7 聚生成头状；雌球花由数对交互对生的苞片组成，有长梗，每苞片腹面基部生 2 胚珠。种子倒卵圆形或卵圆形。

【生活习性】

产于海拔约 300~1200m 的林中。花期 4 月，种期 9~10 月。

【地理分布】

产于江西、广东（仁化、乳源）、广西、湖北、湖南、重庆、四川（峨眉山、筠连）、贵州、云南。越南（北部）有分布。

【保护地位】

国家保护级别 II，IUCN 红色名录等级 VU。为篦子三尖杉组的唯一物种，具科研价值。

【保护建议】

保护自然林，严禁砍伐。人工培育，迁地保护。

篦子三尖杉

翠 柏

Calocedrus macrolepis Kurz

National Protection Level II
The International Union for Conservation of Nature's Red List of Threatened Species, Vulnerable (VU)

【分类地位】

柏科 **Cupressaceae**

【形态特征】

常绿乔木；幼树树冠尖塔形。生鳞叶的小枝扁平，直展。鳞叶二型，交互对生，明显成节，中央的叶扁平，两侧的叶对折，与中央之叶几等长。雌雄同株。雄球花每一雄蕊具 3~5 个花药；着生雌球花的小枝轮廓圆或近方形，弯曲或直。球果当年成熟，长椭圆状圆柱形；种鳞 3 对，木质，扁平，先端有凸尖，下面 1 对形小，上面 1 对结合而生，仅中部的种鳞各生 2 种子；种子上部有 2 个大小不等的翅，种短膜质。

【生活习性】

生于海拔约 1000~2000m 的山地针阔混交林中。喜光，耐湿、耐寒性差，喜石灰质肥沃土壤。花期 3~4 月，种期 9~10 月。

【地理分布】

产于广西、海南、贵州、云南。印度、缅甸（东北部）、老挝、泰国（东北部）及越南有分布。

【保护地位】

国家保护级别 Ⅱ，IUCN 红色名录等级 VU。古老残遗种。

【保护建议】

禁止砍伐，控制常绿阔叶林对该种的竞争压力。

翠柏

红 桧

Chamaecyparis formosensis Matsum.

National Protection Level II
The International Union for Conservation of Nature's Red List of Threatened Species, Vulnerable (VU)

【分类地位】

柏科 Cupressaceae

【形态特征】

常绿大乔木。高 57m，胸径 6.5m；树皮淡红褐色。有叶小枝扁平。鳞形叶二型，交互对生，中央（即上下）之叶紧贴枝上，两侧之叶对折瓦覆中央之叶的边缘。雌雄同株。球花单生叶腋。球果当年成熟，椭圆形；种鳞盾形，顶面具少数沟纹，有尖头；种子扁，倒卵圆形，两侧有膜质翅。

【生活习性】

生于海拔 1050~2000m 气候温和湿润、雨量丰沛、酸性黄壤山地，常与单纯林或台湾扁柏混生。花期 4 月，种期 10 月。

【地理分布】

中国特有。产于台湾。

【保护地位】

国家保护级别 II，IUCN 红色名录等级 VU。

【保护建议】

加强红桧自然保护区保护。严禁过度砍伐，促天然更新。开展繁殖试验。

红
桧

岷江柏木

Cupressus chengiana S. Y. Hu

【分类地位】

柏科 Cupressaceae

【形态特征】

乔木，高达 30m，胸径 1m。枝叶浓密，生鳞叶的小枝斜展，不下垂，不排成平面，末端鳞叶枝粗，圆柱形。鳞叶斜方形，交互对生，排成整齐 4 列，腺体位于中部，明显。雌雄同株。球果翌年成熟，近球型或稍长；种鳞 4~5 对，木质，盾形，顶部中央有短尖凸起。种子多数，两侧具窄翅。

【生活习性】

生于海拔 1200~1900m 的峡谷两侧和干旱河谷地带，花期 4~5 月，种子翌年夏季成熟。

【地理分布】

中国特有，产于四川、甘肃。

【保护地位】

国家保护级别 II，IUCN 红色名录等级 VU。

【保护建议】

禁止过度砍伐。保护原产地的森林植被。人工培育。

岷江柏木

巨 柏

Cupressus gigantea Cheng et L. K. Fu

National Protection Level I

【分类地位】

柏科 Cupressaceae

【形态特征】

巨大乔木,高达 45m。树皮条状纵裂。生鳞叶的枝不排列成片面,常呈四棱形,常被蜡粉。叶鳞形,交叉对生,紧密排成四列,背有纵脊或微钝,近基部有 1 个圆形腺体。球果单生于侧枝顶端,翌年成熟,长圆状球形,常被白粉;种鳞交互对生,6 对,木质,盾形,顶部中央有明显的凸尖;种子两侧具窄翅。

【生活习性】

生于海拔 3000~3400m 的江边阳坡、谷地开阔的半阳坡或有石灰石露头的阶地阳坡之中下部,组成疏林,或在江边成行生长。花期 4~5 月,种子翌年夏末秋初成熟。

【地理分布】

中国特有,产于西藏。

【保护地位】

中国珍稀特有树种。国家保护级别 I。

【保护建议】

严禁砍伐。选择分布集中、生长良好的林木为保护重点。大力采种育苗,营造人工林。

巨柏

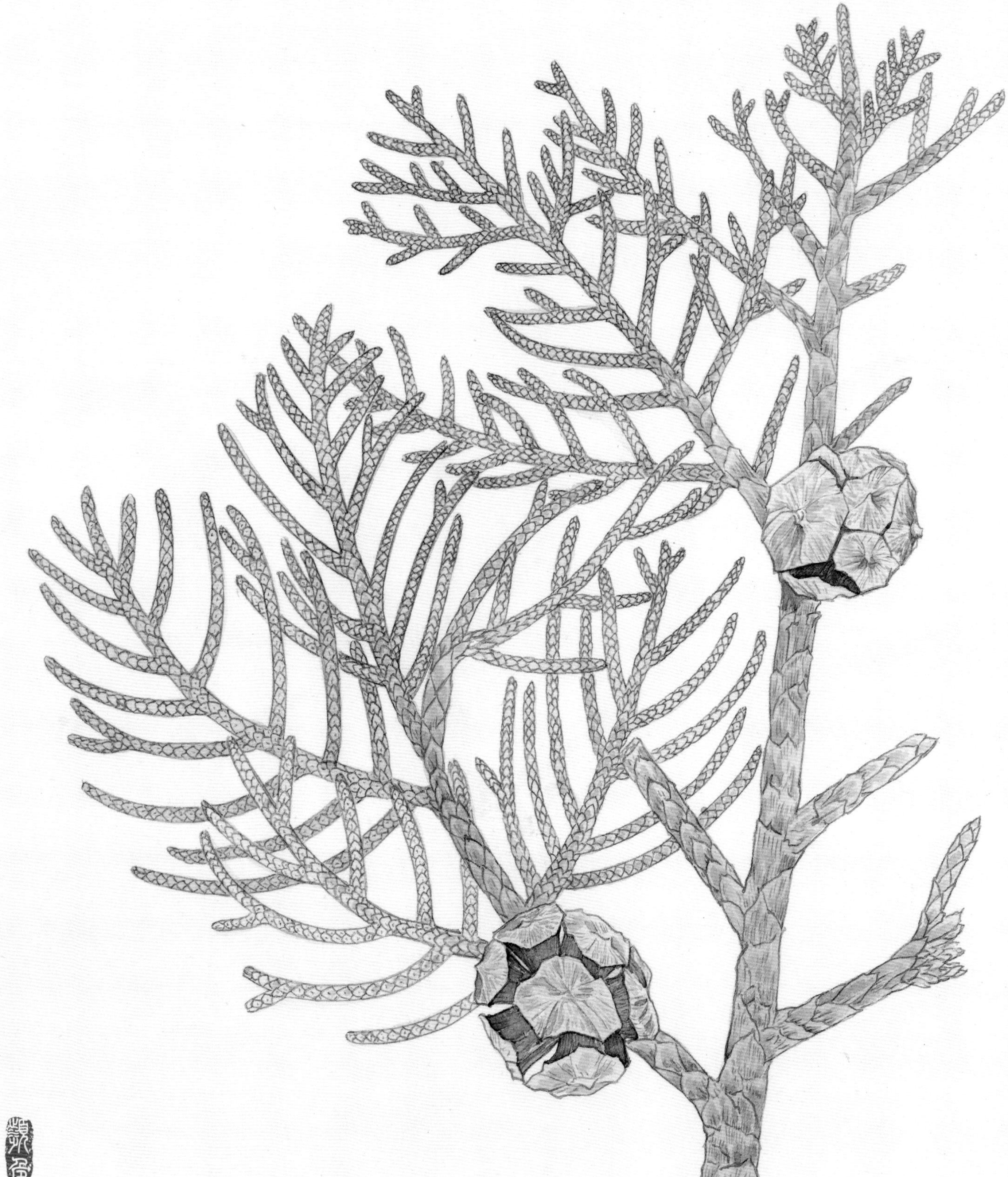

福建柏

Fokienia hodginsii (Dunn) H. Henry et H. H. Thomas

National Protection Level II
The International Union for Conservation of Nature's Red List of Threatened Species, Vulnerable (VU)

【分类地位】

柏科 Cupressaceae

【形态特征】

常绿乔木，高达 30m。树皮纵裂成条状。生鳞叶的小枝扁平，排成一平面。鳞叶二型，对交叉对生，成节状；生于幼树或萌芽枝上的中央之叶呈楔状倒披针形，较两侧之叶短窄，侧面之叶的先端渐尖或微急尖；生于成龄树上小枝之叶，先端盾尖或急尖，常较中央的叶稍长或近于等长。球果翌年成熟，近球形，熟时褐色；种鳞木质，盾形，顶部多角形，表面皱缩稍凹陷，中间有一小尖头突起；种子卵圆形，种脐明显，上部有两个大小不等的膜质种翅。

【生活习性】

生于海拔 100~1800m 山地针阔混交林中。多散生于温暖湿润的山地森林。花期 3~4 月，种子翌年秋季成熟。

【地理分布】

产于浙江、福建、江西、湖南、广东、广西、重庆、四川、贵州、云南。越南、老挝（北部）有分布。

【保护地位】

中国特有的单种属植物。国家保护级别 II，IUCN 红色名录等级 VU。

【保护建议】

保护集中分布林。开展采种育苗，营造人工林。

福建柏

朝鲜崖柏

Thuja koraiensis Nakai

National Protection Level II
The International Union for Conservation of Nature's Red List of Threatened Species, Vulnerable (VU)

【分类地位】

柏科 Cupressaceae

【形态特征】

常绿小乔木，高达 10m，胸径 75cm。大枝平展或稍下垂，小枝扁平，互生，排成一平面。鳞形叶二型，交叉对生，排成 4 列，中央之叶近斜方形，下方有腺点，侧面之叶船形，与中央之叶相等或稍短；小枝上面的叶绿色，下面的叶被白粉。雌雄同株。球花单生于侧枝顶端。球果当年成熟，椭圆形；种鳞 4~6 对，近革质，扁平，顶端具钩状突起；种子扁椭圆形，扁平，两侧有翅。

【生活习性】

生于海拔 700~1800m 富含腐殖质的山坡、山谷、山脊处的针阔混交林内。花期 4 月，种期 10 月。

【地理分布】

产于吉林（安图、抚松）、黑龙江。朝鲜（北部）有分布。

【保护地位】

国家保护级别Ⅱ，IUCN 红色名录等级 VU。

【保护建议】

保护自然林。严禁砍伐森林。播种或扦插进行迁地栽植。

朝鮮崖柏

崖 柏

Thuja sutchuenensis Franch.

The International Union for Conservation of Nature's Red List of Threatened Species, Critically Endangered (CR)
Plant Species with Extremely Small Populations (PSESP)

【分类地位】

柏科 Cupressaceae

【形态特征】

灌木或乔木。枝条平展。叶鳞形；生于小枝中央之叶斜方状倒卵形，无腺点，先端钝；侧面之叶船形，宽披针形，较中央之叶稍短，先端钝，尖头内弯，两面均为绿色，无白粉。雌雄同株异枝，球花着生于枝端。球果椭圆形至卵圆形，当年成熟；种子扁平，两侧具薄翅。

【生活习性】

生于海拔 800~2100m 石灰岩山坡崖壁陡峭石缝或崖顶，阳性树，稍耐阴，耐瘠薄干燥土壤，忌积水，喜空气湿润和钙质土壤。花期 3~4 月，种期 10 月。

【地理分布】

中国特有，产于重庆（城口、开县）。

【保护地位】

IUCN 红色名录等级 CR，极小种群物种。

【保护建议】

严禁砍伐。

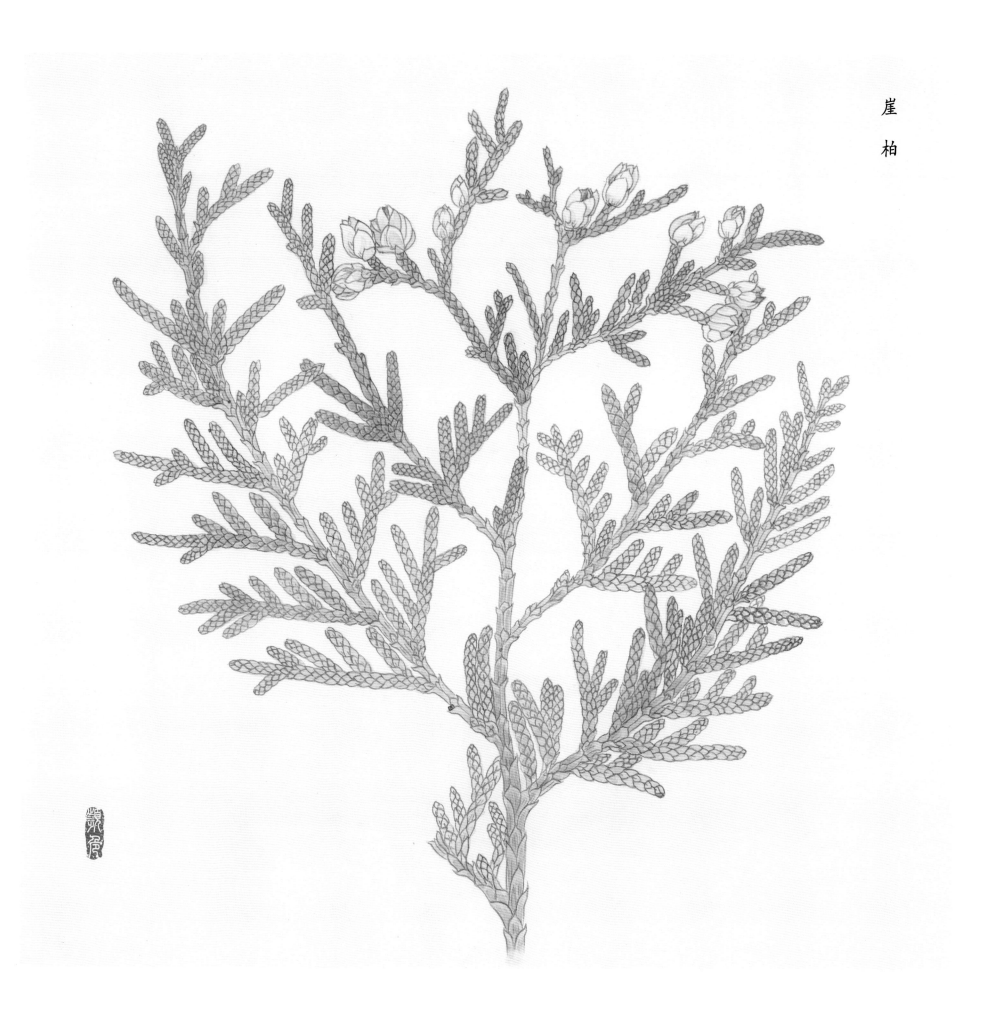

崖柏

宽叶苏铁（十万大山苏铁、巴兰萨苏铁）

Cycas balansae Warb.

Cycas shiwandashanica H. T. Chang et Y. C. Zhong

National Protection Level I
Convention on International Trade in Endangered Species of Wild Fauna and Flora Appendix II
The International Union for Conservation of Nature's Red List of Threatened Species, Near Threatened (NT)
Plant Species with Extremely Small Populations (PSESP)

【分类地位】

苏铁科 Cycadaceae

【形态特征】

茎近地下生，短圆柱状，高 25~80cm，顶生 7~19 枚羽叶。羽叶，平展，边缘常下垂；叶柄呈绿色，常被紫褐色绒毛，具 20~40 对刺，刺长 4~7mm；中部羽片，亚革质，基部楔形，腹部具光泽，边缘平坦。鳞叶 三角形，褐色且被绒毛。小孢子叶球生茎顶，长纺锤形；中部的小孢子叶先端急尖，稍钝。大孢子叶球呈扁球状，15~20 枚，聚合松散，裂片每侧深裂为 7~11 条，钻状，顶裂片与侧裂近等长。种子通常 2 个，新鲜时淡黄色，干燥后呈棕色宽卵形，种皮硬质、光滑。

【生活习性】

生于海拔 125~750m 低山、丘陵的季雨林，喜阳光、好温暖、耐干旱、耐半阴，在合适量的砂质壤土中生长最适宜。花期 4~5 月，种期 10~11 月。

【地理分布】

产于广西（防城）。越南（东北部）有分布。

【保护地位】

国家保护级别 I，CITES 附录 II，IUCN 红色名录等级 NT，极小种群物种。

【保护建议】

保护自然种群。严禁盗挖，防止生境破碎化。

宽叶苏铁

裸子植物·宽叶苏铁（十万大山苏铁、巴兰萨苏铁）

叉叶苏铁（龙口苏铁、铁爪铁）

Cycas bifida (Dyer) K. D. Hill

National Protection Level I
Convention on International Trade in Endangered Species of Wild Fauna and Flora Appendix II
The International Union for Conservation of Nature's Red List of Threatened Species, Vulnerable (VU)
Plant Species with Extremely Small Populations (PSESP)

【分类地位】

苏铁科 Cycadaceae

【形态特征】

树干圆柱形，高 20~60cm。叶呈叉状二回羽状深裂，叶柄两侧具宽短的尖刺；羽片叉状分裂，裂片边缘平，有时波状，深绿色、有光泽，先端渐尖，基部不对称。雄球花圆柱形；小孢子叶近匙形或宽楔形，光滑，黄色，边缘橘黄色，顶部不育部分有绒毛。大孢子基部柄状，橘黄色，密被锈色绒毛，后渐脱落，顶片卵圆形至菱状倒卵形，胚珠 1~4 枚，着生于大孢子叶柄的上部两侧，扁球形。种子成熟后变黄色。

【生活习性】

生于海拔 100~200m 的常绿和落叶混交林、竹林中或石山灌丛半阴处。花期 4~5 月，种期 9~10 月。

【地理分布】

产于广西、云南。越南北部有分布。

【保护地位】

国家保护级别 I，CITES 附录 II，IUCN 红色名录等级 VU，极小种群物种。

【保护建议】

建立保护区，保护自然种群，促天然更新。人工繁殖栽培。

叉
叶
苏
铁

裸子植物·叉叶苏铁（龙口苏铁、铁爪铁）

葫芦苏铁（葫芦铁）

Cycas changjiangensis N. Liu

National Protection Level I
Convention on International Trade in Endangered Species of Wild Fauna and Flora Appendix II
The International Union for Conservation of Nature's Red List of Threatened Species, Endangered (EN)
Plant Species with Extremely Small Populations (PSESP)

【分类地位】

苏铁科 Cycadaceae

【形态特征】

　　茎干基部膨胀，成盘状茎，有时在中部也膨大成葫芦状，通常在地下生长，基部常有吸芽生出而形成数个茎干丛生状，20~35 片羽叶，集生于干顶。叶柄光滑，柄的 70%~100% 有刺；中部羽片在中轴扭曲，与叶柄间夹角 55°~60°，边缘平或微反卷，先端渐尖细，中脉在叶片两面突出。小孢子叶楔形或宽楔形，柔软，先端钝圆。大孢子叶不育顶片近菱形，较厚，密被黄色或褐色绒毛，篦齿状半裂；顶裂常钻状，且常短于侧裂。种子长 3~3.5cm，外种皮黄色。

【生活习性】

　　生于海拔 500~800m 密被草和低矮灌木的山丘或多岩石坡地，或宽阔的宽叶森林中、夏季炎热潮湿、冬季温暖干燥的热带地区。花期 3~4 月，种期 9~10 月。

【地理分布】

　　中国特有，产于海南（昌江）。

【保护地位】

　　国家保护级别 Ⅰ，CITES 附录 Ⅱ，IUCN 红色名录等级 EN，极小种群物种。

【保护建议】

　　保护自然种群。严禁盗挖，防止生境破碎化。

葫芦苏铁

裸子植物·葫芦苏铁（葫芦铁）

德保苏铁

Cycas debaoensis Y. C. Zhong et C. J. Chen

National Protection Level I
Convention on International Trade in Endangered Species of Wild Fauna and Flora Appendix II
The International Union for Conservation of Nature's Red List of Threatened Species, Critically Endangered (CR)
Plant Species with Extremely Small Populations (PSESP)

【分类地位】

苏铁科 Cycadaceae

【形态特征】

主茎短，茎地下生。叶5~11片，羽叶4~11(15)枚，集生于干顶。叶二回至三回羽状，长2.5~3m。羽片线形，先端渐尖或长渐尖。叶柄长0.6~1.3m。小孢子叶楔形，长3~3.5cm；大孢子叶不育顶片宽卵形，长8~9cm，篦齿状深裂，每侧具17~23枚裂片，顶裂片刺化。种子2~3对，卵球状，外种皮黄色，无纤维层，中种皮疣突状。

【生活习性】

生于海拔600~1100m的石灰岩山地向阳矮灌丛及海拔200~600m的砂、页岩常绿阔叶林下。花期4~5月，种期10~11月。

【地理分布】

中国特有，产于广西（德保）、云南（富宁）。

【保护地位】

国家保护级别 I ，CITES附录 II ，IUCN红色名录等级CR，极小种群物种。

【保护建议】

保护原产地种群，防止生境进一步破碎化和丧失。异地育种保护。

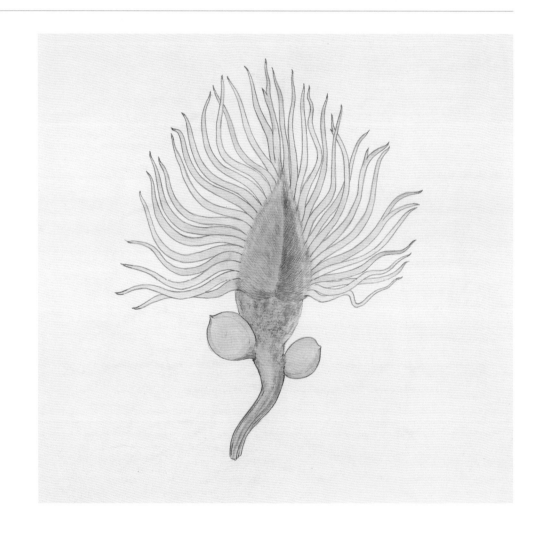

德保苏铁

裸子植物·德保苏铁

滇南苏铁（蔓耗苏铁）

Cycas diannanesis Z. T. Guan et G. D. Tao
Flora of China 采用的接受名为 *Cycas taiwaniana* Carruth.

National Protection Level I
Convention on International Trade in Endangered Species of Wild Fauna and Flora Appendix II
The International Union for Conservation of Nature's Red List of Threatened Species, Vulnerable (VU)
Plant Species with Extremely Small Populations (PSESP)

【分类地位】

苏铁科 Cycadaceae

【形态特征】

茎干高 1~3m，羽片约 20~50 枚，集生于干顶。羽叶长 1.5~3m，纸质叶柄长 45~100cm，两侧具短刺，先端尖锐而微弯；中部羽片纸质，中脉上面隆起下面平。鳞叶长 15~20cm，顶端刺化。雄球花柱状卵圆形，小孢子叶上面不育部分被黄褐色绒毛。雌球花卵圆形，大孢子叶长 16~22cm，不育顶片宽圆形或卵圆形，基部浅心形，背面密被绒毛，腹面光滑。种子卵状，3~4 对，熟时红褐色。

【生活习性】

生于海拔 600~1800m 的石灰岩、页岩或片岩山地灌丛草坡。花期 4~5 月，种期 10~11 月。

【地理分布】

中国特有，产于云南。

【保护地位】

国家保护级别 I，CITES 附录 II，IUCN 红色名录等级 VU，极小种群物种。

【保护建议】

保护自然种群。严禁盗挖，防止生境破碎化。

滇南苏铁

裸子植物·滇南苏铁（蔓耗苏铁）

长叶苏铁（苏铁）

Cycas dolichophylla K. D. H. Nguyen et P. K. Loc

National Protection Level I
Convention on International Trade in Endangered Species of Wild Fauna and Flora Appendix II
The International Union for Conservation of Nature's Red List of Threatened Species, Near Threatened (NT)
Plant Species with Extremely Small Populations (PSESP)

【分类地位】

苏铁科 Cycadaceae

【形态特征】

茎干高 0.8~1.5m，8~40 枚羽叶集生干顶。羽叶长 2~3.5m，两侧缘稍下弯。羽片被红褐色绒毛，短而宽；叶柄光滑，长 40~100cm，全柄有刺，刺长 4~6mm；中部羽片长 28~35cm，宽 1.4~2.2cm，基部圆，边缘波状，叶脉上凸下平。鳞叶三角状披针形，柔软，被细毛。小孢子叶球窄长卵圆状或纺锤状，叶柔软，背腹面不加厚，顶端钝圆。大孢子叶不育顶片圆形，被褐色绒毛。种子卵状，长 3.8~4.2cm，黄色，中种皮疣状。

【生活习性】

生于低海拔常绿阔叶林或灌丛中。花期 4~5 月，种期 10~11 月。

【地理分布】

产于广西（德保）、云南。越南（北部）有分布。

【保护地位】

国家保护级别 I，CITES 附录 II，IUCN 红色名录等级 NT，极小种群物种。

【保护建议】

保护原产地种群。严禁盗挖，防止生境破碎化。

裸子植物·长叶苏铁（苏铁）

仙湖苏铁

Cycas fairylakea D. Yue Wang

Flora of China 采用的接受名为 *Cycas taiwaniana* Carruth.

National Protection Level I
Convention on International Trade in Endangered Species of Wild Fauna and Flora Appendix II
Plant Species with Extremely Small Populations (PSESP)

【分类地位】

苏铁科 Cycadaceae

【形态特征】

树干圆柱形，高可达 1.5m，羽片叶集生于干顶。羽叶幼时锈色，平展；叶柄光滑或被毛，几乎全柄具短刺；最下一对羽叶彼此成锐角伸出；中部羽片基部下延，边缘平至微反卷，有时波状，中脉两面隆起。鳞叶披针形，长 8~12cm，常疏被绢毛。小孢子叶球圆柱状长椭圆形。大孢子叶球半球形，大孢子叶长 14~19cm，密被黄褐色绒毛，后逐渐脱落，仅柄部有残留，顶裂片钻状或卵状披针形，明显长于侧裂片，常再裂。种子倒卵状球形至扁球形，黄褐色，长 3~3.6cm，无毛，中种皮具疣状突起。

【生活习性】

生于海拔 100~400m 亚热带常绿阔叶林下。花期 4~5 月，种期 9~10 月。

【地理分布】

中国特有，产于广东。

【保护地位】

国家保护级别 I，CITES 附录 II，极小种群物种。

【保护建议】

建立自然保护区，就地设立繁育苗圃。

仙湖苏铁

锈毛苏铁

Cycas ferruginea F. N. Wei

National Protection Level I
Convention on International Trade in Endangered Species of Wild Fauna and Flora Appendix II
The International Union for Conservation of Nature's Red List of Threatened Species, Near Threatened (NT)

【分类地位】

苏铁科 Cycadaceae

【形态特征】

茎干圆柱形，近地下生，高可 1.5m，羽片集生于干顶，羽叶先端常弯向一侧并下垂。羽叶平展或中部微龙骨状，新生叶轴密被红褐色绒毛；中部羽片长 19~38cm，基部楔形对称，边缘平至微反卷，中脉上凸下平。鳞叶披针形，锐尖，被细毛。小孢子叶球纺锤状，小孢子叶不育顶端凸起，密被褐色短绒毛。大孢子叶卵形，密被红褐色绒毛，顶裂片扁化，明显长于侧裂片。胚珠 2~6 枚。种子卵状球形，长 1.7~2.2cm，中种皮具疣状突起。

【生活习性】

生于海拔 100~400m 亚热带常绿阔叶林下。花期 3~4 月，种期 8~10 月。

【地理分布】

产于广西（田东）。越南（北部）有分布。

【保护地位】

国家保护级别 I，CITES 附录 II，IUCN 红色名录等级 NT。

【保护建议】

保护自然种群。严禁盗挖。

锈毛苏铁

贵州苏铁（南盘江苏铁）

Cycas guizhouensis K. M. Lan et R. F. Zou

Flora of China 采用的接受名为 *Cycas Szechuanensis* W. C. Cheng et L. K. Fu

National Protection Level I

Convention on International Trade in Endangered Species of Wild Fauna and Flora Appendix II

The International Union for Conservation of Nature's Red List of Threatened Species, Vulnerable (VU)

【分类地位】

苏铁科 Cycadaceae

【形态特征】

茎干圆柱状，高 1~3m，具大型羽状叶，叶柄长 30~60cm，密布短刺常至基部。羽片在叶轴上多少扭曲，中部羽片宽 8~12mm，中脉两面隆起。大孢子叶球柔软，纺锤状，小孢子叶鳞片状，顶端钝圆，反折。大孢子叶被黄褐色绒毛，不育顶片常圆状卵形，侧裂片钻状，顶裂片钻状或披针形，明显长过侧裂片。种子近球状，长 2.3~2.9cm，外种皮黄色，中种皮近光滑或疣状。

【生活习性】

生于海拔 400~1000m 石灰岩山坡混交林或灌木丛中。花期 4~6 月，种期 9~10 月。

【地理分布】

中国特有，产于广西（隆林）、贵州（安龙、兴义）、云南。

【保护地位】

国家保护级别 I，CITES 附录 II，IUCN 红色名录等级 VU。

【保护建议】

保护现存物种。保护原产地植被，防止生境进一步破碎化。严禁采挖。引种繁殖，异地保存。

裸子植物·贵州苏铁（南盘江苏铁）

海南苏铁

Cycas hainanensis C. J. Chen

National Protection Level I
Convention on International Trade in Endangered Species of Wild Fauna and Flora Appendix II
The International Union for Conservation of Nature's Red List of Threatened Species, Endangered (EN)

【分类地位】

苏铁科 Cycadaceae

【形态特征】

常绿棕榈状木本植物。茎干圆柱状，高可 3.5m，自中部向下渐膨大，茎平滑，深灰色，羽片集生于干顶。羽叶具 100~280 枚小羽片；中部羽片长 15~30cm，以 50°~70° 着生于叶轴，边缘微反卷，中脉上隆下平。鳞叶披针形，柔软，被细毛。小孢子叶球纺锤状，小孢子叶柔软，背腹面不加厚，顶端钝圆。大孢子不育顶片三角状圆形，下部被毛，上部绿色光滑，顶裂片常扁化。种子椭圆形或倒卵状，长 3.5~5cm，中种皮具脑状皱纹。

【生活习性】

生于海拔 1200m 以下的热带或亚热带雨林中。花期 3~5 月，种期 9~10 月。

【地理分布】

中国特有，产于海南。

【保护地位】

国家保护级别 I，CITES 附录 II，IUCN 红色名录等级 EN。

【保护建议】

保护原产地生境，防止进一步破坏。严禁盗挖。开展人工培育。

裸子植物·海南苏铁

海南苏铁

灰干苏铁（红河苏铁）

Cycas hongheensis S. Y. Yang et S. L. Yang ex D. Yue Wang

National Protection Level I
Convention on International Trade in Endangered Species of Wild Fauna and Flora Appendix II
The International Union for Conservation of Nature's Red List of Threatened Species, Critically Endangered (CR)

【分类地位】

苏铁科 Cycadaceae

【形态特征】

茎干圆柱状，高 2~8m，有时分枝，基部膨大，树皮纵裂，20~30 枚羽叶集生干顶。羽叶在羽轴排成龙骨状，灰蓝或蓝绿色；中部羽片长 15~20cm，以约 50° 角斜伸于叶轴，基部下延，边缘反卷，中脉上面下陷下面隆起，干时中央有一浅沟。大孢子叶密被绒毛，两侧篦齿状半裂，顶裂片明显比侧裂片宽、长。种子圆球形，成熟时黄色、橘黄色至橘红色。

【生活习性】

生于海拔 400~600m 干热河谷石灰岩山坡灌丛中，喜温暖湿润环境、稍耐荫、不耐寒。花期 5 月，种期 10 月。

【地理分布】

中国特有，产于云南（个旧）。

【保护地位】

国家保护级别 I，CITES 附录 II，IUCN 红色名录等级 CR。

【保护建议】

保护现有物种，保护原产地植被，防止生境破碎化。科学研究种群及其分布。

灰干苏铁

多羽叉叶苏铁

Cycas multifrondis D. Yue Wang
Flora of China 采用的接受名为叉叶苏铁 *Cycas micholitzii* Dyer

National Protection Level I
Convention on International Trade in Endangered Species of Wild Fauna and Flora Appendix II
The International Union for Conservation of Nature's Red List of Threatened Species, Vulnerable (VU)

【分类地位】

苏铁科 Cycadaceae

【形态特征】

茎地下生，高 0.4m，羽叶 4~10 枚，集生于顶部。羽叶一回羽状，在叶轴上几乎平展排列；中部羽片 1~2 次二叉分歧，中脉两面隆起。小孢子叶球纺锤状圆柱形，长 35~40cm，小孢子叶楔形，不育部分盾状，密被短柔毛，先端具短尖头，两侧具细齿。大孢子叶卵形至卵形，密被锈色绒毛，后逐渐脱落，边缘篦齿状深裂，两侧 16~19 对侧裂片，裂片纤细，先端芒尖，顶裂片钻形至披针形。种子近于球形，2~4 对，熟时黄褐色。

【生活习性】

生于海拔 100~1000m 的中低山石灰岩地季雨林下。花期 4~5 月，种期 10~11 月。

【地理分布】

中国特有，产于云南。

【保护地位】

国家保护级别 I，CITES 附录 II，IUCN 红色名录等级 VU。

【保护建议】

保护自然种群，促天然更新。人工培育。

多羽叉叶苏铁

裸子植物·多羽叉叶苏铁

多歧苏铁（独脚铁、独把铁）

Cycas multipinnata C. J. Chen et S. Y. Yang

National Protection Level I
Convention on International Trade in Endangered Species of Wild Fauna and Flora Appendix II
The International Union for Conservation of Nature's Red List of Threatened Species, Endangered (EN)
Plant Species with Extremely Small Populations (PSESP)

【分类地位】

　　苏铁科 Cycadaceae

【形态特征】

　　乔木，树干高 30~70cm，灰褐色。羽叶 1~3 片，三回羽状深裂，长 4~7.5m；一回羽片主轴上常互生，每侧 14~24 片；二回羽片在二级轴上互生，3~9 片，多次二叉分歧。小羽片纸质，倒卵状矩形至矩圆状条形，先端渐尖至尾状渐尖。小孢子叶球窄纺锤状，小孢子叶柔软，先端钝圆。大孢子叶不育顶片三角状卵形，篦齿状半裂，裂片 7~14。种子常 4~5 对，中种皮骨质多疣。

【生活习性】

　　生于海拔 150~1100m 的半阴坡的石灰岩山地季雨林下。花期 4~5 月，种期 9~10 月。

【地理分布】

　　产于云南元江流域。越南（北部）有分布。

【保护地位】

　　国家保护级别 I，CITES 附录 II，IUCN 红色名录等级 EN，极小种群物种。

【保护建议】

　　严禁盗挖散失，防止生境破坏。

多歧苏铁

攀枝花苏铁（把关河铁）

Cycas panzhihuaensis L. Zhou et S. Y. Yang

National Protection Level I
Convention on International Trade in Endangered Species of Wild Fauna and Flora Appendix II
The International Union for Conservation of Nature's Red List of Threatened Species, Vulnerable (VU)

【分类地位】

　　苏铁科 Cycadaceae

【形态特征】

　　乔木，茎干圆柱状，高达 2.6m，覆被着宿存的叶柄基部，干顶具浓密的褐色绒毛，羽叶集生于茎顶。羽叶灰绿或蓝绿色，微龙骨状至平展；叶柄两侧 40%~70% 有平展的短刺；中部羽叶边缘平或微反卷，中脉上平下隆起。小孢子叶球单生茎顶，常偏斜，纺锤状圆柱形或椭圆状圆柱形，富含蜡质，稍坚硬，黄色，小孢子叶楔形，先端宽三角形。大孢子叶多数，簇生茎顶，箆齿状半裂。种子近球形或微扁，长 2.5~3.2cm，假种皮桔红色，具薄纸质、分离而易碎的外层，中种皮骨质，平滑。

【生活习性】

　　生于海拔 1100~2000m 的干热河谷石灰岩山坡稀树灌丛。花期 3~4 月，种期 8~9 月。

【地理分布】

　　中国特有，产于四川、云南。

【保护地位】

　　国家保护级别Ⅰ，CITES 附录Ⅱ，IUCN 红色名录等级 VU。

【保护建议】

　　设立专项保护区，集中保护。严禁挖掘植株。人工培育。

攀枝花苏铁

篦齿苏铁（梳苏铁）

Cycas pectinata Buch.-Ham.

National Protection Level I
Convention on International Trade in Endangered Species of Wild Fauna and Flora Appendix II
The International Union for Conservation of Nature's Red List of Threatened Species, Vulnerable (VU)

【分类地位】

　　苏铁科 Cycadaceae

【形态特征】

　　茎干圆柱形，有时上部 1~3 次二叉分枝，高 1~16m，直径 30~80cm，羽叶集生茎顶。叶轴两侧有疏刺，羽状裂片80~120 对，条形，坚硬，边缘稍反曲，中脉隆起，脉的中央常有一条凹槽。小孢子叶球长卵形，长 30~55cm。小孢子叶坚硬，先端具钻形长尖芒，密生褐黄色绒毛。大孢子叶密被褐黄色绒毛，上部的不育顶片菱状宽圆形。种子长 4.5~6cm，扁卵状，外种皮肉质，具光泽，干后外种皮常同中种皮分离。

【生活习性】

　　生于海拔 800~1800m 的混交林中。花期 11 月至翌年 4 月，种期 9~10 月。

【地理分布】

　　产于云南西南部。不丹、老挝、缅甸（北部）、尼泊尔、泰国（北部）、印度（东北部）、越南有分布。

【保护地位】

　　国家保护级别 I，CITES 附录 II，IUCN 红色名录等级 VU。

【保护建议】

　　加强保护区保护。人工培育。

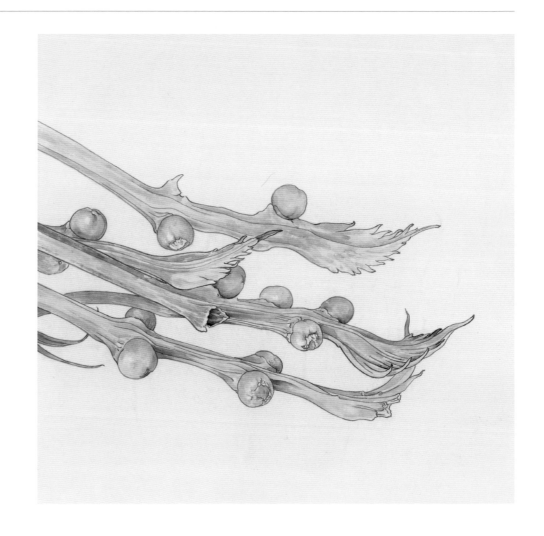

篦齿苏铁

苏铁（铁树、福建苏铁、避火蕉、凤尾蕉）

Cycas revoluta Thunb.

National Protection Level I
Convention on International Trade in Endangered Species of Wild Fauna and Flora Appendix II
The International Union for Conservation of Nature's Red List of Threatened Species, Least Concern (LC)

【分类地位】

苏铁科 Cycadaceae

【形态特征】

常绿棕榈状木本植物，茎干圆柱状，高1~8m，具黑褐色宿存的叶基和叶痕，呈鳞片状，40~110枚羽叶集生于茎顶部。羽叶厚革质而坚硬，羽片条形强烈龙骨状排成"V"字形；中部羽片明显两面不同色，与叶轴成45°~60°角，边缘强烈反卷，顶部刺化。大孢子叶球紧密包被，近阔球状，大孢子叶两面密被绒毛。胚珠被白粉与绒毛；种子长3.5~4.5cm，倒卵状，外种皮肉质，橘红色，被绒毛，熟时红褐色或橘红色。

【生活习性】

生于海拔10~100m的向阳近海边灌丛中，喜暖热湿润的环境、不耐寒、生长甚慢。花期4~5月，种期9~10月。

【地理分布】

产于福建。琉球群岛部分岛屿有分布。

【保护地位】

国家保护级别 I ，CITES附录 II ，IUCN红色名录等级LC。

【保护建议】

保护自然种群，防止栖息地丧失。严禁乱砍滥伐。

苏铁

裸子植物·苏铁（铁树、福建苏铁、避火蕉、凤尾蕉）

叉孢苏铁（西林苏铁、长孢苏铁）

Cycas segmentifida D. Yue Wang et C. Y. Deng

National Protection Level I
Convention on International Trade in Endangered Species of Wild Fauna and Flora Appendix II
The International Union for Conservation of Nature's Red List of Threatened Species, Vulnerable (VU)

【分类地位】

苏铁科 Cycadaceae

【形态特征】

茎地下生，茎高 20~50cm，12~25 对羽叶集生茎顶。羽叶（尤叶轴与叶柄处）初时蓝绿色，展开后变深绿色；叶柄光滑无毛，柄的 90%~100% 具短刺；中部羽片长 20~42cm，先端渐尖，基部宽楔形，边缘平，中脉两面隆起。小孢子叶楔形，长 2~3cm，顶端有小尖头。大孢子叶不育顶片卵圆形，被脱落性棕色绒毛，边缘篦齿状深裂，两侧具 13~19 对侧裂片，顶裂片较宽，常再分裂。种子 2~3 对，小，倒卵状，基部楔形，顶端具小尖头。

【生活习性】

生于海拔 350~800m 的石灰石、页岩、片岩基质土壤的河谷开阔林下。花期 4~5 月，种期 9~10 月。

【地理分布】

中国特有，产于广西、贵州（望谟、册亨）、云南（富宁）。

【保护地位】

国家保护级别 I，CITES 附录 II，IUCN 红色名录等级 VU。

【保护建议】

保护自然种群，防止生境进一步破碎化和丧失。加强林业害虫生物防治。

叉孢苏铁

裸子植物·叉孢苏铁（西林苏铁、长孢苏铁）

石山苏铁（山菠萝、少刺苏铁）

Cycas sexseminifera F. N. Wei
Flora of China 采用的接受名为 *Cycas miquelii* Warb.

National Protection Level I
Convention on International Trade in Endangered Species of Wild Fauna and Flora Appendix II
The International Union for Conservation of Nature's Red List of Threatened Species, Near Threatened (NT)

【分类地位】

苏铁科 Cycadaceae

【形态特征】

茎干矮小，地下生，高 10~60cm。基部膨大成圆球形，老茎皮灰色至灰褐色，叶痕宿存，后期常脱落而光滑，无茎顶绒毛。叶轴背面疏生红褐色长毛，羽叶，革质，叶柄光滑无毛，中上部有分布不均的短刺。中部羽片上面深绿色，有亮泽，下面淡绿色，先端渐尖，具短尖头，基部不对称，下侧下延生长，中脉两面隆起。大孢子叶不育顶片窄卵形，长 3~5cm，两侧蓖齿状半裂，顶裂片较侧裂片长宽。

【生活习性】

生于海拔 200~500m 的石灰岩山地的裸露石缝中。花期 4~6月，种期 9~11 月。

【地理分布】

产于广西。越南（中北部）有分布。

【保护地位】

国家保护级别 I，CITES 附录 II，IUCN 红色名录等级 NT。

【保护建议】

保护野生物种。人工培育。

裸子植物·石山苏铁（山菠萝、少刺苏铁）

单羽苏铁（云南苏铁）

Cycas simplicipinna (Smitinand) K. D. Hill

National Protection Level I
Convention on International Trade in Endangered Species of Wild Fauna and Flora Appendix II
The International Union for Conservation of Nature's Red List of Threatened Species, Near Threatened (NT)

【分类地位】

苏铁科 Cycadaceae

【形态特征】

茎地下生，叶痕宿存。羽叶长 1.5~2.8m，具 35~90 枚羽片，羽片间距 2~5cm。中部羽片条形，长 30~50cm，宽 1.4~2.0cm，基部楔形对称，纸质至薄革质，先端渐尖，中脉上凸下平。小孢子叶球狭长圆柱形，小孢子叶楔形，顶片近菱形至卵形。大孢子叶长 8~14cm，不育顶片卵形，壁齿状深裂，裂片每侧仅 5~9 枚，钻状。种子 1~2 对，近球状，中种皮骨质，具疣状突起。

【生活习性】

生于海拔 500~800m 的阴湿热带山坡常绿林下。花期 5~6 月，种期 10~11 月。

【地理分布】

产于云南。泰国（北部）、越南、老挝、缅甸有分布。

【保护地位】

国家保护级别 I，CITES 附录 II，IUCN 红色名录等级 NT。

【保护建议】

加强保护区建设，防止居群缩小。

单羽苏铁

裸子植物·单羽苏铁（云南苏铁）

四川苏铁（凤尾铁）

Cycas szechuanensis Cheng et L. K. Fu

National Protection Level I
Convention on International Trade in Endangered Species of Wild Fauna and Flora Appendix II
The International Union for Conservation of Nature's Red List of Threatened Species, Critically Endangered (CR)
Plant Species with Extremely Small Populations (PSESP)

【分类地位】

苏铁科 Cycadaceae

【形态特征】

茎干地下生，圆柱形，常多头丛生，高0.5~2（5）m，具宿存叶基，羽叶集生茎顶。羽叶条形或披针状条形，厚革质，边缘微卷曲，叶柄光滑无毛，全柄有刺；中部羽片基部不等宽，边缘平坦或波形，下侧较宽、下延生长，两面中脉隆起，上面深绿色，有光泽，下面绿色。大孢子叶扁平，不育顶片倒卵形或长卵形，先端圆形，边缘篦齿状深裂，裂片钻形，顶裂片长不过侧裂片。胚珠4~5对，扁球型。迄今未见雄株。

【生活习性】

生于海拔300~950m的陡峭山坡林中。花期4~6月。

【地理分布】

中国特有，产于福建（南平、沙县）。福建、广东、广西、四川等地寺庙有栽培，目前仅剩栽培植株。

【保护地位】

国家保护级别 I，CITES 附录 II，IUCN 红色名录等级 CR，极小种群物种。

【保护建议】

保护自然种群。人工培育。

四川苏铁

裸子植物·四川苏铁（凤尾铁）

台东苏铁

Cycas taitungensis C. F. Shen, K. C. Hill, C. H. Tsou et C. J. Chen

National Protection Level I
Convention on International Trade in Endangered Species of Wild Fauna and Flora Appendix II
The International Union for Conservation of Nature's Red List of Threatened Species, Endangered (EN)

【分类地位】

苏铁科 Cycadaceae

【形态特征】

茎干圆柱形，高达 3.5m，具宿存叶基，茎顶密被绒毛。羽叶长 1.5~2m，羽片 100~200 对，条形，革质，边缘平，不反卷，先端渐尖，顶有小尖头；叶柄光滑无毛，刺 10~25 对；中部羽片，边缘稍反曲，中脉上面平或微隆起，在下面隆起。小孢子叶球长纺锤形，小孢子叶柔软，先端钝圆下翻。大孢子叶密被褐色绒毛，不育顶片宽卵形，篦齿状分裂。胚珠 2~6 枚，密被棕色绒毛。种子椭圆形至扁阔状椭圆形，熟时红褐色。

【生活习性】

生于海拔 300~950m 的陡峭山坡林中。花期 4~6 月，种期 9~10 月。

【地理分布】

中国特有，产于台湾（台东）。

【保护地位】

国家保护级别 I，CITES 附录 II，IUCN 红色名录等级 EN。

【保护建议】

保护区就地保护。由于种子大，难于传播远处，应加强人工培育。

台东苏铁

闽粤苏铁（海铁鸥、广东苏铁、台湾苏铁）

Cycas taiwaniana Carruth.

National Protection Level I
Convention on International Trade in Endangered Species of Wild Fauna and Flora Appendix II
The International Union for Conservation of Nature's Red List of Threatened Species, Endangered (EN)
Plant Species with Extremely Small Populations (PSESP)

【分类地位】

苏铁科 Cycadaceae

【形态特征】

茎干圆柱形，高达 3.5m。羽叶长 1.5~3m，羽片 25~40 枚，集生茎顶。羽叶亮绿色，微龙骨状，叶柄光滑无毛，全柄具刺；中部羽片明显两面不同色，基部楔形不对称，边缘稍反曲，先端刺尖，中脉上面隆起，绿色有光泽，下面微隆起淡绿色，无毛。鳞叶尖锐多毛。小孢子叶球窄卵状，小孢子叶柔软。大孢子叶不育顶片菱状卵形，篦齿状半裂，裂常扁化。种子椭圆形或稀见卵圆形，1~3 对，长 2.8~3.5cm，中种皮骨质，有疣状突起。

【生活习性】

生于海拔 200~400m 向阳丘陵土壤。花期 4~5 月，果期 9~10 月。

【地理分布】

中国特有，产于福建（诏安）、广东（汕头）。

【保护地位】

国家保护级别 I，CITES 附录 II，IUCN 红色名录等级 EN，极小种群物种。

【保护建议】

完善保护区建设。建立苏铁园，迁地保护。建立种苗基地。

闽粤苏铁

绿春苏铁（谭清苏铁）

Cycas tanqingii D. Yue Wang

National Protection Level I
Convention on International Trade in Endangered Species of Wild Fauna and Flora Appendix II
The International Union for Conservation of Nature's Red List of Threatened Species, Near Threatened (NT)

【分类地位】

苏铁科 Cycadaceae

【形态特征】

茎干圆柱形，茎地下生，高达 2m，4~13 片羽叶集生茎顶。羽叶深绿色，有光泽，与叶轴近直角平展出后微下垂；叶柄全部具刺，最下部一对羽叶被此结成锐角伸出；中部羽片基部楔形，中脉两面隆起。鳞叶狭三角形，柔软多毛，宿存。小孢子叶球纺锤形，小孢子叶柔软，先端具小尖头。大孢子叶不育顶片菱状阔圆形，背部被褐色绒毛，篦齿状深裂，侧裂片每侧6~9 对。种子1~2 对，肉质种皮黄色，无纤维层，硬种皮具疣状突起。

【生活习性】

生于海拔 500~800m 的热带雨林内。花期 4~5 月，种期9~10 月。

【地理分布】

产于云南（绿春）。越南（北部）有分布。

【保护地位】

国家保护级别 I，CITES 附录 II，IUCN 红色名录等级 NT。

【保护建议】

保护自然种群。保护原产地的植被，防止生境进一步破碎化和丧失。

绿春苏铁

银杏（白果）

Ginkgo biloba L.

National Protection Level I
The International Union for Conservation of Nature's Red List of Threatened Species, Endangered (EN)

【分类地位】

银杏科 Ginkgoaceae

【形态特征】

落叶乔木，有长枝与短枝二型，短枝成簇生状。叶在长枝上螺旋状散生，在短枝3~8叶簇生，扇形，有多数叉状分枝的细脉，有长叶柄。球花雌雄异株，单性，雄球花荑黄花序状，下垂；雌球花具长梗，生于短枝的叶丛中，顶端常有二珠座，其上各一直立胚珠，常一枚胚珠发育。种子核果状，具长梗，下垂，常为椭圆形，外种皮肉质，熟时黄色，外被白粉，有臭味。

【生活习性】

野生状态的银杏生于针阔叶混交林中。花期4月，种期9~10月。

【地理分布】

中国特有，据记载，浙江西天目山老殿有野生状态的林木。现广大地区均有栽培。朝鲜、日本及欧美各国均引种栽培。

【保护地位】

国家保护级别 I，IUCN 红色名录等级 EN。中国特有的单种科植物，起源古老，地层中有大量的化石，残存的银杏被称为"活化石"。

【保护建议】

防范自然灾害。人工培育，加强管理。

银
杏

裸子植物·银杏（白果）

百山祖冷杉

Abies beshanzuensis M. H. Wu

National Protection Level I
The International Union for Conservation of Nature's Red List of Threatened Species, Critically Endangered (CR)
Plant Species with Extremely Small Populations (PSESP)

【分类地位】

松科 Pinaceae

【形态特征】

常绿乔木。枝轮生，小枝对生；大枝平展，枝皮不规则浅裂，基部围有宿存芽鳞，冬芽卵圆形，有树脂，生于枝顶，三个排成平面。叶条形，先端排列成二列，上面之叶斜展至直伸，先端有凹缺。球果通常每一枝节之间着生1~3个，直立，圆柱形，成熟前绿色至淡黄绿色，熟后淡褐黄色。种鳞木质，扇状四边形，苞鳞稍短于种鳞，先端露出反曲，成熟时从宿存果轴上脱落。种子具宽大的膜质种翅，翅端平截。

【生活习性】

生于海拔约1700m的高山针阔混交林中。花期5月，种期10月。

【地理分布】

中国特有，产于浙江南部（百山祖），目前仅存三株大树。

【保护地位】

国家保护级别 I，IUCN红色名录等级CR，极小种群物种。

【保护建议】

保护自然种群及其生境。迁地保护。人工育苗。

百山祖冷杉

资源冷杉

Abies beshanzuensis var. *ziyuanensis*（L. K. Fu et S. L. Mo）L. K. Fu et Nan Li
Abies ziyuanensis L. K. Fu et S. L. Mo

National Protection Level I

【分类地位】

松科 Pinaceae

【形态特征】

常绿乔木。树皮灰白色，片状开裂。一年生枝淡褐黄色，老枝灰黑色。冬芽圆锥形或锥状卵圆形，有树脂，芽鳞淡褐黄色。叶在小枝上面向外向上伸展或不规则两列，下面的叶呈梳状，线形，先端有凹缺，树脂道边生。球果直立，椭圆状圆柱形，成熟时暗绿褐色。中部的种鳞木质，扇状四边形，苞鳞稍较种鳞为短，中部较窄缩，上部圆形，先端露出，反曲。种子有宽长的膜质种翅。

【生活习性】

生于海拔约 1400~1800m 的高山林中。花期 5 月，种期 10 月。

【地理分布】

中国特有，间断分布于江西（井冈山）、湖南、广西（资源）。

【保护地位】

国家保护级别 I。

【保护建议】

以就地保护为主，促进天然林更新。繁育幼苗，扩大人工种群。

资源冷杉

秦岭冷杉

Abies chensiensis Tiegh.

National Protection Level II
The International Union for Conservation of Nature's Red List of Threatened Species, Least Concern (LC)

【分类地位】

松科 Pinaceae

【形态特征】

常绿乔木。叶在枝上排成二列或近二列状，条形，下面有两条白色气孔带；营养枝之叶的树脂道边生，果枝之叶的树脂道中生或近中生。球果直立，近无梗，熟时淡红褐色。中部的种鳞近肾形，长约 1.5cm，宽约 2.5cm，背面露出部分密生短毛。苞鳞长约种鳞的 3/4，不外露，先端圆，有突起的刺状尖头。种子倒三角状椭圆形，种翅宽大，倒三角形。

【生活习性】

生于海拔约 2300~3000m 的山沟溪旁及阴坡。花期 5~6月，种期 9~10 月。

【地理分布】

中国特有，产于河南（内乡、灵宝）、湖北、重庆（城口）、陕西、甘肃。

【保护地位】

国家保护级别Ⅱ，IUCN 红色名录等级 LC。

【保护建议】

加强自然林保护，促进天然更新。开展繁殖培育。

秦岭冷杉

梵净山冷杉

Abies fanjingshanensis W. L. Huang, Y. L. Tu et S. T. Fang

National Protection Level I
The International Union for Conservation of Nature's Red List of Threatened Species, Endangered (EN)

【分类地位】

松科 Pinaceae

【形态特征】

常绿乔木，高达 22m。冬芽卵球形。叶在小枝下面呈梳状，在上面密集，向外向上伸展。叶上有树脂道 2 个，边生或近边生。球果圆柱状长圆形，直立，成熟时深褐色，长 5~6m，直径约 4cm。种子长卵圆形，微扁，种翅倒楔形，褐色或灰褐色。

【生活习性】

生于海拔 2100~2350m 的近山脊北山坡林中。花期 5~6 月，种期 9~10 月。

【地理分布】

中国特有，产于贵州。

【保护地位】

国家保护级别 Ⅰ，IUCN 红色名录等级 EN。

【保护建议】

保护自然林，严禁砍伐，促进天然更新。人工培育，繁育幼苗，扩大人工种群。

梵净山冷杉

元宝山冷杉

Abies yuanbaoshanensis Y. J. Lu et L. K. Fu

National Protection Level I
The International Union for Conservation of Nature's Red List of Threatened Species, Critically Endangered (CR)

【分类地位】

松科 **Pinaceae**

【形态特征】

常绿乔木，高达 25m。树干通直，树皮暗红褐色，不规则块状开裂。小枝黄褐色或淡褐色，无毛。冬芽圆锥形，褐红色，具树脂。叶线形，在小枝下面列呈二列，先端钝有凹缺，有两条粉白色气孔带。球果直立，短圆柱形，成熟时淡褐黄色。中部的种鳞扇状四边形，长约 2cm，宽 2.2cm，鳞背密生灰白色短毛。苞鳞长约种鳞的 4/5，微外露，中部较宽，先端有刺尖。种子椭圆形，种翅倒三角形，淡黑褐色。

【生活习性】

生于海拔约 1700~2050m 的山脊及东侧针阔混交林中。花期 5 月，种期 10 月。

【地理分布】

中国特有，产于广西（融水）。

【保护地位】

国家保护级别 I，IUCN 红色名录等级 CR。

【保护建议】

加强保护区建设，保护自然林及其生境。人工培育。

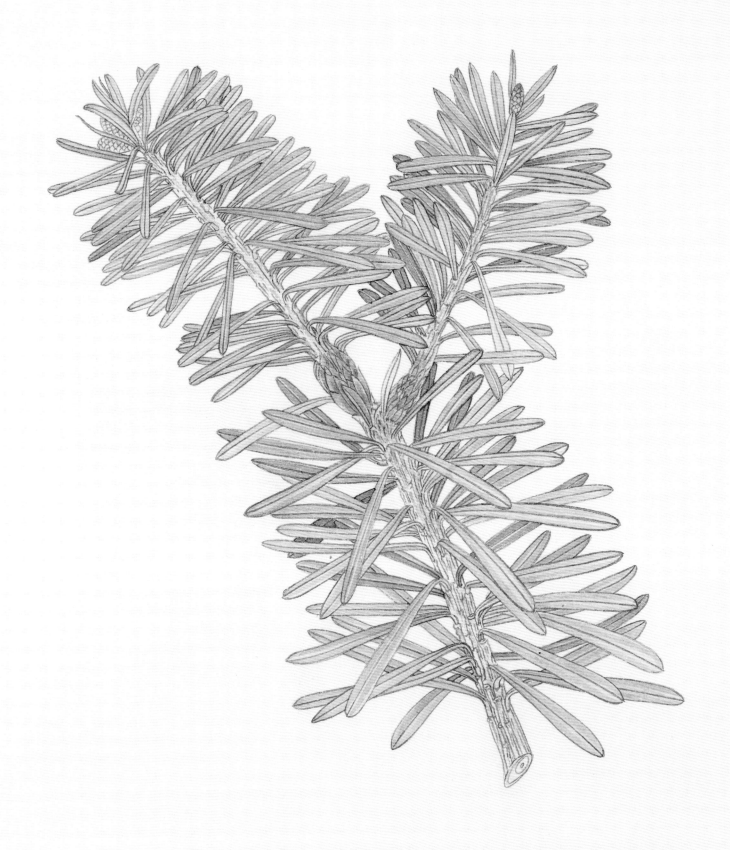

元宝山冷杉

银 杉

Cathaya argyrophylla Chun et Kuang

National Protection Level I

【分类地位】

松科 Pinaceae

【形态特征】

常绿乔木，高达 20m。具开展的枝条，树皮暗灰色，裂成不规则的薄片。小枝上端和侧枝生长缓慢。叶螺旋状排列，辐射状散生，在小枝上端和侧枝上排列较密，线形，先端圆或钝尖，基部渐窄成不明显的叶柄，腹面中脉凹陷，背面中脉两侧有明显的白色气孔带，叶内具 2 个边生树脂道。雌雄同株，雄球花通常单生于 2 年生枝叶腋，雌球花单生于当年生枝叶腋。球果两年成熟，卵圆形，含种鳞 13~16 枚；种子倒卵圆形，暗橄榄绿色，具不规则的斑点，种翅膜质。

【生活习性】

生于海拔约 900~1900m 的山脊或帽状石山顶部向阳处，组成针叶或针阔林混生。花期 5 月，种期翌年 10 月。

【地理分布】

中国特有，产于湖南、广西（金秀、龙胜）、重庆（南川、武隆）、贵州（道真、桐梓）。

【保护地位】

国家保护级别 I。残存的单种属植物，对研究松科植物的系统发育、古地理和第四期冰期气候，均有科学价值。

【保护建议】

保护自然种群，促进天然更新。开展繁殖试验。

银杉

台湾油杉

Keteleeria davidiana var. *formosana* (Hayata) Hayata
Keteleeria formosana Hayata

National Protection Level II

【分类地位】

松科 Pinaceae

【形态特征】

常绿乔木。树冠广圆锥形。冬芽纺锤状卵圆形。一年生枝有密生乳头状突起。叶条形，在侧枝上排列成两列，中脉两面隆起，腹面无气孔线，背面有 2 条气孔带。球果短圆柱形，直立，中部的种鳞斜方形或斜方状圆形，上部边缘向外反曲；苞鳞短于鳞苞，先端三裂尖。种子三角状卵形，具宽大膜质种翅。

【生活习性】

生于海拔 300~900m 的山地。花期 2~3 月，种期 10 月。

【地理分布】

中国特有，产于台湾（台北、台东）。

【保护地位】

国家保护级别 II 。

【保护建议】

保护自然种群，保护幼苗更新，防止生境面积狭小。人工培育。

154

台湾油杉

海南油杉

Keteleeria hainanensis Chun et Tsiang

National Protection Level II

【分类地位】

松科 Pinaceae

【形态特征】

乔木，高达 30m。叶宽长，条状披针形或近条形，两端渐窄，先端钝，通常微弯，稀较直，腹面中脉两侧各有 4~8 条气孔线。球果圆柱形，长 14~18cm，熟时种鳞张开后通常中上部或中部较宽，中下部渐窄。中部种鳞斜方形或斜方状卵形，鳞背露出部分无毛，先端钝或微凹，两侧边缘较薄，微反曲。种子近三角状椭圆形，种翅中下部较宽。

【生活习性】

生于海拔 1000m 的山地。花期 2~3 月，种期 10~11 月。

【地理分布】

中国特有，产于海南（昌江）。

【保护地位】

国家保护级别 II。

【保护建议】

保护自然种群，严禁砍伐。大力育苗、造林。

柔毛油杉

Keteleeria pubescens Cheng et L. K. Fu

National Protection Level II
The International Union for Conservation of Nature's Red List of Threatened Species, Least Concern (LC)

【分类地位】

松科 Pinaceae

【形态特征】

常绿大乔木，树皮暗褐色或褐灰色，粗糙。一至二年生小枝绿色，密被短柔毛，干后暗褐色，毛呈锈褐色。叶条形，长 1.5~3cm，先端微尖或渐尖，腹面深绿色，无气孔线，背面淡绿色，中脉两侧各有 25~35 条气孔线。球果短圆柱形或椭圆状圆柱形，长 7~11cm，被白粉。中部的种鳞五角状圆形，上部宽圆，中央微凹，边缘微向外反曲，背面露出部分密生短毛。

【生活习性】

生于海拔 600~1000m 的山地。花期 3~4 月，种期 10 月。

【地理分布】

中国特有，产于广西北部、贵州南部、湖南东南部有极小区域。

【保护地位】

国家保护级别 II，IUCN 红色名录等级 LC。

【保护建议】

保护自然群落。人工造林。

柔毛油杉

四川红杉

Larix mastersiana Rehder et E. H. Wilson

National Protection Level II
The International Union for Conservation of Nature's Red List of Threatened Species, Vulnerable (VU)

【分类地位】

　　松科 **Pinaceae**

【形态特征】

　　落叶大乔木，高达 30m，胸径达 80cm。树皮灰褐色或暗褐色。小枝下垂，当年生长枝具疏生柔毛；短枝顶端叶枕之间密生淡褐黄色柔毛。叶在长枝上螺旋状散生，在短枝上呈簇生状，线形，腹面中脉凸起，背面中脉两侧各有 3~5 条气孔线。雌球花淡红紫色，苞鳞向外反折。球果椭圆状圆柱形，成熟前淡褐紫色，熟时褐色。中部种鳞倒三角状圆形或肾状圆形，背面近中部密生褐色长柔毛。苞鳞明显向外反折或反曲，上部三角状，先端微急尖。种子近倒卵圆形，种翅褐色，先端圆或微钝。

【生活习性】

　　生于海拔 2300~3500m 的地带，形成块状疏林或混交林。花期 5 月，种期 10 月。

【地理分布】

　　中国特有，仅产四川局部地区。

【保护地位】

　　国家保护级别 Ⅱ，IUCN 红色名录等级 VU。

【保护建议】

　　保护自然种群，严禁砍伐，采取人为措施，促进天然更新。开展育苗、造林。

太白红杉（秦岭红杉）

Larix potaninii var. *chinensis* (Beissn.) L. K. Fu et Nan Li
Larix chinensis Beissn

National Protection Level II

【分类地位】

松科 Pinaceae

【形态特征】

落叶乔木，高 15m，胸径 60cm。树皮灰色，裂成薄片状。小枝下垂，有长枝与短枝两型，短枝距状，顶端叶枕间密被淡黄色短柔毛。叶倒披针状窄条形，两面中脉凸起，腹面的上部有 1~2 条白色气孔带，背面沿中脉两侧各有 2~5 条白色气孔线。雌雄同株，球花单生侧枝顶端。球果当年成熟，直立卵状长圆形，成熟前淡紫红色，熟时蓝紫色。种鳞较薄，熟后宿存，扁方圆形或近圆形，鳞背近中部密被平伏长柔毛。苞鳞较种鳞长，直伸，先端截圆或宽圆，具突起的刺状尖头。种子近三角状卵圆形，种翅膜质。

【生活习性】

生于海拔 2600~3600m 的高山地带，组成单纯林或针阔混交林。花期 4~5 月，种期 10 月。

【地理分布】

中国特有，产于陕西、甘肃（渭源）。

【保护地位】

国家保护级别 Ⅱ。

【保护建议】

严禁林木砍伐，防止生境破坏和分布区面积缩减。建立母树园，采种育苗。

太白红杉

裸子植物·太白红杉（秦岭红杉）

油麦吊云杉

Picea brachytyla var. *complanata* (Mast.) Cheng ex Rehder

National Protection Level II

【分类地位】

　　松科 **Pinaceae**

【形态特征】

　　常绿乔木，高达 60m。树皮裂成薄鳞片状块片脱落。大枝平展而轮生，侧枝细而下垂；小枝细长，下垂，基部宿存芽鳞。叶枕显著下延，彼此间凹槽。叶线形，扁平、直或微弯，先端尖或微尖，腹面微凸，无气孔线，背面凸起，中脉两侧各有 5~7 条粉白色气孔线。雌雄同株。雄球花单生叶腋，雌球花单生枝顶。球果当年成熟，下垂长圆状圆柱形或圆柱形，熟时褐色或微带紫色。中部种鳞倒卵形，革质。种子连翅长约 1.2cm。

【生活习性】

　　生于海拔 2000~3000m 的地带，耐荫、耐寒、喜欢凉爽湿润的气候和肥沃深厚、排水良好的微酸性沙质土壤。组成混交林或在局部地区成单纯林。花期 3~5 月，种期 10 月。

【地理分布】

　　产于四川、云南、西藏。缅甸和不丹有分布。

【保护地位】

　　国家保护级别Ⅱ。

【保护建议】

　　保护自然种群，禁止砍伐。开展人工培育。

油麦吊云杉

裸子植物·油麦吊云杉

大果青杆

Picea neoveitchii Mast.

National Protection Level II
The International Union for Conservation of Nature's Red List of Threatened Species, Endangered (EN)

【分类地位】

松科 Pinaceae

【形态特征】

常绿乔木。树皮灰色，裂成鳞状块片脱落。一年生枝较粗，无毛。小枝上面之叶向上伸展，两侧及下面之叶向上弯伸，四棱状条形，两侧扁，横级面纵斜方高大于宽，常弯曲，先端锐尖，四边有气孔线。球果矩圆状圆柱形或卵状圆柱形，通常两端窄缩；种鳞宽大，宽倒卵状五角形，斜方状卵形或倒三角状宽卵形，边缘有细齿；种子倒卵圆形，种翅宽大。

【生活习性】

零星散生长在海拔 1300~2000m 的山地针阔林中。花期 4~5 月，种期 9~10 月。

【地理分布】

中国特有，产于河南（内乡）、湖北、重庆（城口）、陕西、甘肃。

【保护地位】

国家保护级别 Ⅱ，IUCN 红色名录等级 EN。

【保护建议】

保护个体和成片林，严禁砍伐，保护生境，促进母树结实和天然更新。积极开展育苗、造林。

大
果
青
杆

兴凯赤松（兴凯湖松）

Pinus densiflora var. *ussuriensis* Liou et Z. Wang

National Protection Level II

【分类地位】

松科 Pinaceae

【形态特征】

常绿乔木，树干上部树皮淡褐黄色。叶 2 针一束，边缘有细锯齿，基部叶鞘宿存，背腹均有气孔线，内有 2 维管束，横断面半圆形，树脂道约有 8 个。球果两年成熟，一年生小球果，下垂，成熟球果淡褐色；中下部种鳞的鳞盾肥厚隆起或微隆起，中央鳞脐无刺。种子倒卵圆形，微扁，淡褐色，有黑色斑纹，种翅下部宽，上部窄，先端钝尖。

【生活习性】

生于海拔约 900m 的湖边沙丘或石砾山坡。花期 5 月，种期翌年 10 月。

【地理分布】

产于黑龙江。俄罗斯（远东地区）有分布。

【保护地位】

国家保护级别 Ⅱ。

【保护建议】

保护自然种群。禁止砍伐。

兴凯赤松

裸子植物·兴凯赤松（兴凯湖松）

大别山五针松

Pinus dabeshanensis Cheng et Law

Flora of China 采用的接受名为 *Pinus fenzeliana* var. *dabeshanensis* (W. S. Cheng et Y. W. Law) L. K. Fu et Nan Li

National Protection Level II
The International Union for Conservation of Nature's Red List of Threatened Species, Vulnerable (VU)
Plant Species with Extremely Small Populations (PSESP)

【分类地位】

松科 Pinaceae

【形态特征】

常绿乔木，高 20m。树冠尖塔形。树皮棕褐色，浅裂成不规则的小方形薄片脱落。针叶 5 针一束，基部叶鞘早落，腹面每侧有 2~4 条灰白色气孔线。球果圆柱状椭圆形，长约 14cm，熟时种鳞张开；种鳞边缘薄，显著地向外反卷，鳞脐不显著。种子淡褐色，倒卵状椭圆形，上部边缘具极短的木质短，种皮较薄。

【生活习性】

生于海拔 900~1400m 的山地，常与黄山松混生或组成针阔混交林。花期 4 月，种期翌年 9~0 月。

【地理分布】

我国特有，仅残存于大别山局部地区，安徽（岳西、金寨）、河南（商城）、湖北（罗田、英山）。

【保护地位】

国家保护级别 Ⅱ，IUCN 红色名录等级 VU，极小种群物种。

【保护建议】

保护自然种群。加强母树保护和天然幼树、幼苗的抚育管理，并做好育苗造林。

裸子植物·大别山五针松

红 松

Pinus koraiensis Siebold et Zucc.

National Protection Level II
The International Union for Conservation of Nature's Red List of Threatened Species, Least Concern (LC)

【分类地位】

松科 Pinaceae

【形态特征】

常绿乔木。树冠圆锥形。一年生枝密被柔毛。针叶 5 针一束，粗硬，直，腹面每侧具 6~8 条淡蓝灰色的气孔线；叶鞘早落。小枝粗壮，密被淡黄色柔毛，针叶较粗硬，叶内具 3 个中生树脂道。雄球花多数密集于新枝下部成穗；球果大，种鳞菱形，成熟后不张开或上端微张开；鳞盾黄褐色或微带灰绿色，三角形或斜方状三角形，表面有皱纹，鳞脐显著，先端钝，向外反曲。种子大，倒卵状三角形，无翅。

【生活习性】

生于海拔 150~1800m 的地带，组成单纯林或混交林。花期 5~6 月，种期翌年 9~10 月。

【地理分布】

产于辽宁、吉林、黑龙江。俄罗斯（远东地区）有分布。

【保护地位】

国家保护级别 II，IUCN 红色名录等级 LC。

【保护建议】

严禁采伐天然红松林，并对现存红松逐株登记保护。开展人工培育。

红松

裸子植物·红松

华南五针松（广东松）

Pinus kwangtungensis Chun et Tsiang

National Protection Level II
The International Union for Conservation of Nature's Red List of Threatened Species, Near Threatened (NT)

【分类地位】

松科 Pinaceae

【形态特征】

常绿乔木，高达 30m。树皮褐色，裂成不规则的鳞状片块。枝轮生，平展。一年生枝淡褐色，无毛；冬芽微有树脂。叶针形，5 针一束，绿色，腹面每侧有 4~5 条白色气孔线，树脂道 2~3 个，背面 2 个边生，腹面 1 个中生或缺。球果圆柱状长卵圆形，常单生，长 4~17cm，直径 3~6cm，有短柄。种鳞楔鳞盾菱形，上部边缘微内曲，鳞脐顶生。种子具结合而生的膜质长翅，种翅长约 1~2cm。

【生活习性】

生于海拔 700~1600m 的针阔混交林中。花期 4~5 月，种期翌年 9~10 月。

【地理分布】

产于江西（全南）、湖南、广东、广西、海南、贵州。越南（北部）有分布。

【保护地位】

国家保护级别 II，IUCN 红色名录等级 NT。

【保护建议】

保护自然林，促进天然更新。大力人工造林。

裸子植物·华南五针松（广东松）

巧家五针松

Pinus squamata X. W. Li

National Protection Level II
The International Union for Conservation of Nature's Red List of Threatened Species, Near Threatened (NT)

【分类地位】

松科 Pinaceae

【形态特征】

常绿乔木。树皮暗褐色，呈不规则薄片剥落。当年生枝红褐色，密被黄褐色及灰褐色柔毛。针叶 5(4) 针一束，纤细，两面具气孔线，边缘有细齿，树脂 3~5 道，边生，叶鞘早落。球果圆锥形，成熟时开裂；种鳞长圆状椭圆形，鳞盾显著隆起，鳞脐无刺。种子长圆形或倒卵形，黑色，种翅长约 1.6cm，具黑色纵纹。

【生活习性】

生于海拔约 2200m 的村旁林中。花期 4~5 月，种期翌年 9~10 月。

【地理分布】

中国特有，产于云南（巧家）。

【保护地位】

国家保护级别 II，IUCN 红色名录等级 NT。形态特殊，是链接松属单维管束亚属与双维管束亚属的又一佐证，对研究松属系统发育有重要价值。

【保护建议】

保护个体和种群，禁止砍伐。人工培育。

裸子植物·巧家五针松

长白松（长白赤松、美人松）

Pinus sylvestris var. *sylvestriformis* (Takenouchi) Cheng et C. D. Chu

National Protection Level I

【分类地位】

松科 Pinaceae

【形态特征】

常绿乔木，高 25~32m。树干通直平滑，基部稍粗糙，龟裂成薄鳞片状脱落。冬芽卵圆形，有树脂，芽鳞红褐色。针叶 2 针一束，较粗硬，稍扭曲，微扁，长 5~8cm，径 1~1.5mm，树脂道 4~8 个，边生，基部有宿存的芽鳞。雌球花暗紫红色，幼果淡褐色，有梗，下垂。球果锥状卵圆形，成熟时淡褐灰色，鳞盾隆起，鳞脐突起，具短刺。种子长卵圆形，微扁，种翅有关节。

【生活习性】

生于海拔 700~1600m 的长白山二道白河与三道白河沿岸狭长地带。花期 5 月至 6 月上旬，种期翌年 8 月下旬。

【地理分布】

中国特有，产于吉林长白山北坡（安图）。

【保护地位】

国家保护级别 I。

【保护建议】

保护自然林，促天然更新，提高母树结实率。禁止砍伐。人工培育。

长白松

毛枝五针松

Pinus wangii Hu et Cheng

National Protection Level II
The International Union for Conservation of Nature's Red List of Threatened Species, Endangered (EN)
Plant Species with Extremely Small Populations (PSESP)

【分类地位】

松科 Pinaceae

【形态特征】

常绿乔木。一年生枝暗红褐色，密被褐色柔毛。冬芽褐色或淡褐色。针叶5针一束，叶内有3个中生树脂道，基部叶鞘早落。球果单生或2~3个集生，翌年成熟，淡黄褐色或褐色，下垂；中部种鳞近倒卵形，鳞脐顶生，微凹。种子卵圆形，种翅膜质，偏斜。

【生活习性】

生于海拔1100~2100m的石灰岩山地林中。花期4~5月，种期翌年9~10月。

【地理分布】

分布区极狭窄，且数量极少，仅零星分布于云南东南部石灰岩山区。毗邻越南（北部）有分布。

【保护地位】

国家保护级别 II，IUCN 红色名录等级 EN，极小种群物种。

【保护建议】

保护自然种群。繁殖种苗，人工栽培。

金钱松

Pseudolarix amabilis (J. Nelson) Rehder

National Protection Level II

【分类地位】

松科 Pinaceae

【形态特征】

落叶乔木，高达 60m。树干通直，树冠宽塔形。大枝不规则轮生，枝有长枝和短枝二型。长枝之叶辐射伸展，短枝之叶簇状密生，叶腹面中脉不隆起或微隆起，背面沿中脉两侧有 5~14 条气孔线。雄球花簇生于短枝顶端；雌球花单生，苞鳞大于珠鳞。球果当年成熟，直立，卵圆形，具短梗；种鳞木质，卵状披针形，成熟时从果轴脱落；苞鳞短小，长约种鳞的 1/4~1/3，边缘有细齿。种子卵圆形，白色，有与种鳞近等长的种翅。

【生活习性】

散生于海拔 100~1500m 的针阔混交林中。花期 4 月，种期 10 月。

【地理分布】

我国特有，产于江苏南部（溧阳、宜兴）、浙江、安徽、福建、江西（庐山、修水）、河南、湖北、湖南、重庆、四川（乐山）。

【保护地位】

国家保护级别 II。对研究松科植物的系统发育有价值。

【保护建议】

保护自然种群。人工培育。

金
钱
松

短叶黄杉

Pseudotsuga brevifolia Cheng et L. K. Fu

National Protection Level II

【分类地位】

松科 Pinaceae

【形态特征】

常绿乔木。一年生枝有较密的短柔毛。叶线形，近等宽，先端钝圆，有凹缺，腹面中脉凹下，背面有 2 条白色气孔带，气孔带由 20~25 条气孔线所组成。雌球花单生侧枝顶端，苞鳞显著，先端 3 裂。球果当年熟下垂，卵状椭圆形或卵圆形；种鳞木质，坚硬，鳞背密生短毛，露出部分毛渐稀少；苞鳞露出部分反伸或斜展，先端三裂。种子三角状卵圆形，有不规则的褐色斑纹，种翅淡红褐色。

【生活习性】

生于海拔 1250m 的向阳山坡疏林中。花期 4 月，种期 10 月。

【地理分布】

中国特有，产于广西、贵州（荔波）。

【保护地位】

国家保护级别 Ⅱ。黄杉属唯一生长在石灰岩山地的物种。

【保护建议】

保护自然种群，促天然更新。移植幼苗迁地保护。人工育苗繁殖。

澜沧黄杉（西昌黄杉）

Pseudotsuga forrestii W. G. Craib

Pseudotsuga xichangensis C. T. Kuan et L. J. Zhou

National Protection Level II
Plant Species with Extremely Small Populations (PSESP)

【分类地位】

松科 Pinaceae

【形态特征】

常绿乔木。主枝无毛或近于无毛，侧枝有少许短柔毛。叶条形，较长，排列成两列，直或微弯，先端钝有凹缺，腹面中脉凹下。球果卵圆形或长卵圆形；种鳞近圆形，鳞背露出部分无毛；苞鳞长于种鳞，明显外露，露出部分向外反曲，中裂窄长而渐尖，侧裂三角状，外缘常有细缺齿。种子三角状卵圆形，稍扁，种翅长约种子的两倍，种子连翅长约种鳞的一半或稍长。

【生活习性】

生于海拔 2400~3000m 的针阔叶混交林中。花期 4 月，种期 10 月。

【地理分布】

我国特有，产于四川西南部（冕宁、细长）、云南西北部、西藏东南部（察隅）。

【保护地位】

国家保护级别 II，极小种群物种。

【保护建议】

保护自然种群，禁止砍伐。人工培育。

澜沧黄杉

黄杉（华东黄杉）

Pseudotsuga sinensis Dode

National Protection Level II
The International Union for Conservation of Nature's Red List of Threatened Species, Vulnerable (VU)

【分类地位】

松科 Pinaceae

【形态特征】

乔木。树冠塔形。叶线形，排列成两列，先端钝圆有凹缺，腹面有白色气孔带。球果卵圆形，种鳞基部宽楔形，两侧有凹缺，背面密被短毛或无毛；苞鳞露出部分向后反伸，侧裂片较中裂片为短，边缘常有齿；种子三角状卵圆形，微扁，上面密生褐色短毛，下面具不规则的褐色斑纹，种翅较种子为长，种子连翅稍短于种鳞。

【生活习性】

生于海拔 600~3000m 的山地阳坡或山脊地带林中。花期 3~4 月，种期 10 月。

【地理分布】

我国特有，产于浙江、安徽、福建（建宁）、江西（德兴、庐山）、湖北、湖南、广西、重庆、四川、贵州、云南、陕西（镇林）。

【保护地位】

国家保护级别 Ⅱ，IUCN 红色名录等级 VU。

【保护建议】

保护现存林木，尤其母树。采种育苗，扩大种植。严禁乱砍滥伐。

黄杉

台湾黄杉

Pseudotsuga sinensis var. *wilsoniana* (Hayata) L. K. Fu et Nan Li

National Protection Level II

【分类地位】

松科 Pinaceae

【形态特征】

常绿乔木，高达 50m。树冠塔形。叶条形，排成二列，叶背面气孔带灰绿色，绿色边带不明显。冬芽短尖。球花中部种鳞肾形，基部宽楔形，两侧有凹陷或无，鳞背露出部分无毛；苞鳞露出部分向外反伸，中裂片窄、渐尖，侧裂片三角形，外缘常有细缺齿。种子微扁，种翅与种子近等长，种子连翅稍短于种鳞。

【生活习性】

生于海拔 800~1500m 的气候温暖湿润的酸性土山地。花期 3~4 月，种期 10 月。

【地理分布】

我国特有，产于台湾中央山脉（台中、新竹）。

【保护地位】

国家保护级别 Ⅱ。

【保护建议】

保护自然种群。禁止砍伐。人工培育。

台湾黄杉

台湾穗花杉

Amentotaxus formosana H. L. Li

National Protection Level I
The International Union for Conservation of Nature's Red List of Threatened Species, Critically Endangered (CR)

【分类地位】

红豆杉科 Taxaceae

【形态特征】

常绿乔木，高 10m。大枝稀疏，小枝斜展，树形呈圆形或接近方型。叶交互对生，排成二列，披针形或线状披针形，腹面深绿色具光泽，背面中脉两侧有两条白色气孔带。雄球花穗 2~4 穗，雄球花几无梗，雄蕊有 5~8 个花药；雌球花近于圆球形，有长梗，生于新枝上的苞腋或叶腋。种子椭圆形，假种皮熟时深红色，顶端有小尖头露出。

【生活习性】

散生于海拔 500~1300m 的阔叶林中或沟谷中。花期 4 月，种子翌年 5~6 月成熟。

【地理分布】

我国特有，产于台湾（台东）。

【保护地位】

国家保护级别 I，IUCN 红色名录等级 CR。

【保护建议】

保护自然种群，促树龄结构优化。禁止砍伐。

台灣穗花杉

云南穗花杉

Amentotaxus yunnanensis H. L. Li

National Protection Level I

【分类地位】

红豆杉科 Taxaceae

【形态特征】

常绿乔木，高 10~15m；树冠广卵形。大枝开展，小枝对生，茎部无宿存芽鳞。冬芽四棱状卵圆形。叶交互对生，列成两列，条形，腹面中脉隆起，背面有粉白色气孔带。雄球花穗常 4~6 穗，雄蕊有 4~8 个花药。种子椭圆形，包于假种皮中，仅顶端尖头露出，假种皮成熟时红紫色，种柄长约 1.5cm，微被白粉。

【生活习性】

生于海拔 1000~1600m 的石灰岩山地针阔混交林中或小片纯林。花期 4 月，种子翌年 5~6 月成熟。

【地理分布】

产于广西、贵州、云南。毗邻的越南（北部）有分布。

【保护地位】

国家保护级别 I。

【保护建议】

保护自然种群。人工培育，育苗造林。

云南穗花杉

裸子植物·云南穗花杉

白豆杉

Pseudotaxus chienii (Cheng) Cheng

National Protection Level II
The International Union for Conservation of Nature's Red List of Threatened Species, Endangered (EN)

【分类地位】

红豆杉科 Taxaceae

【形态特征】

灌木，高达 4 米。树皮灰褐色，裂成条片状脱落。一年生小枝圆，近平滑稀有或疏或密的细小瘤状突起。叶条形，排列成二列，几乎无柄，上面中脉隆起，下面有 2 条气孔带。雌雄异株，球花单生叶腋、花药辐射排列。种子坚果状，成熟时生于假种皮中，基部有宿存的苞片，成熟的内质假种皮白色。

【生活习性】

生于海拔 900~1400m 的陡坡沟谷的阔叶林下。花期 3~4 月，种期 9~10 月。

【地理分布】

我国特有，产于浙江、福建（武夷山）、江西、湖南、广东（乳源）、广西。

【保护地位】

国家保护级别 II，IUCN 红色名录等级 EN。

【保护建议】

保护自然林，促天然更新。禁止采伐森林和砍伐母树。人工繁殖栽培。

白豆杉

裸子植物·白豆杉

东北红豆杉

Taxus cuspidata Siebold et Zucc.

National Protection Level I
Convention on International Trade in Endangered Species of Wild Fauna and Flora Appendix II
The International Union for Conservation of Nature's Red List of Threatened Species, Least Concern (LC)
Plant Species with Extremely Small Populations (PSESP)

【分类地位】

红豆杉科 Taxaceae

【形态特征】

常绿乔木，高达 20m。枝条平展或斜上直立，小枝互生，基部有宿存芽鳞。叶较密，排成不规则的二列，线形，直或微弯，先端通常凸尖，腹面深绿色，背面有两条灰绿色气孔带，中脉带明显。雌雄异株，球花单生叶腋，基部苞片互生，雄蕊的花药辐射排列。种子当年成熟，紫红色，上部具 3~4 钝脊，种脐三角形、四方形或卵圆形，生于假种皮中，顶端外露，成熟时假种皮鲜红色。

【生活习性】

散生于海拔 400~1000m 的针阔叶混交林中。抗寒、喜阴、喜湿，生长于气候冷湿、酸性土地带。花期 4~5 月，种期 10 月。

【地理分布】

产于辽宁、吉林、黑龙江。俄罗斯（远东地区）、朝鲜半岛和日本有分布。

【保护地位】

国家保护级别Ⅰ，CITES 附录Ⅱ，IUCN 红色名录等级 LC，极小种群物种。

【保护建议】

保护自然林，禁止砍伐。人工培育。

东北红豆杉

裸子植物·东北红豆杉

密叶红豆杉（喜马拉雅密叶红豆杉）

Taxus contorta Griffith

Taxus fauna Nan Li et R. R.mill.

National Protection Level I
Convention on International Trade in Endangered Species of Wild Fauna and Flora Appendix II
Plant Species with Extremely Small Populations (PSESP)

【分类地位】

红豆杉科 Taxaceae

【形态特征】

叶排成彼此叠覆的不规则 2 列，窄直，密集，宽约 2mm，上下等宽，先端急尖，基部两侧对称，背面中脉带与气孔带同色，均密被细小乳头突起。种子长圆形，长约 6.5mm，上部两侧微有钝脊，顶端有突尖，种脐椭圆形。

【生活习性】

生于海拔 2500~3000m 的针阔叶混交林地带。花期 5 月，种期 10 月。

【地理分布】

产于西藏（吉隆）。印度、巴基斯坦、尼泊尔有分布。

【保护地位】

国家保护级别 I，CITES 附录 II，IUCN 红色名录等级 EN，极小种群物种。

【保护建议】

保护自然林。禁止砍伐。

密叶红豆杉

裸子植物·密叶红豆杉（喜马拉雅密叶红豆杉）

喜马拉雅红豆杉（云南红豆杉）

Taxus wallichiana Zucc.

Taxus yunnanensis Cheng et L. K. Fu

National Protection Level I
Convention on International Trade in Endangered Species of Wild Fauna and Flora Appendix II
The International Union for Conservation of Nature's Red List of Threatened Species, Endangered (EN)

【分类地位】

红豆杉科 Taxaceae

【形态特征】

乔木或大灌木。一年生枝绿色，二、三年生枝淡褐色或红褐色。冬芽卵圆形，基部芽鳞的背部具脊，先端急尖。叶质较厚，披针状线形，常呈弯镰状，排列较疏，列成两列，长 3~4.7cm，边缘多少卷曲，上部渐窄，先端渐尖，基部不对称，背面中脉带与气孔带同色，均密生微小的角质乳头状突起。种子生于肉质杯状的假种皮中，卵圆形，微扁，通常上部渐窄两侧微有钝脊，顶端有钝尖，种脐椭圆形，成熟时假种皮红色。

【生活习性】

生于海拔 2000~3000m 的针阔叶混交林。花期 4~5 月，种期 9~10 月。

【地理分布】

产于四川、云南、西藏。尼泊尔、不丹、印度、巴基斯坦、缅甸有分布。

【保护地位】

国家保护级别Ⅰ，CITES 附录Ⅱ，IUCN 红色名录等级 EN。

【保护建议】

保护自然林，禁止乱砍滥伐。开展人工培育。

裸子植物·喜马拉雅红豆杉（云南红豆杉）

红豆杉

Taxus wallichiana var. *chinensis* (Pilg.) Florin
Taxus chinensis Pilg.

National Protection Level I
Convention on International Trade in Endangered Species of Wild Fauna and Flora Appendix II
The International Union for Conservation of Nature's Red List of Threatened Species, Least Concern (LC)

【分类地位】

　　红豆杉科 Taxaceae

【形态特征】

　　乔木，高达 30m。叶线形，较短直，排成疏羽状 2 列，长 1.5~3.2cm，宽 2~4mm，叶缘微反曲，上部稍窄，先端急尖，基部渐窄呈短柄状，下面中脉带与气孔带同色，均密生有细乳头状突起。种子扁卵圆形，两侧微具钝脊，长约 5mm，顶端有钝尖，种脐圆形或宽椭圆形。

【生活习性】

　　生于海拔 1000~1200m 以上的山地。花期 4~5 月，种期 9~10 月。

【地理分布】

　　中国特有，产于浙江（龙泉、遂昌）、安徽、河南、湖北、湖南（桑植）、广西、重庆、四川、贵州、云南、陕西、甘肃。

【保护地位】

　　国家保护级别 I，CITES 附录 II，IUCN 红色名录等级 LC。

【保护建议】

　　保护自然林，加强抚育管理。禁止砍伐。

南方红豆杉

Taxus wallichiana var. *mairei* (Lemée et Levél.) L. K. Fu et Nan Li

National Protection Level I
Convention on International Trade in Endangered Species of Wild Fauna and Flora Appendix II

【分类地位】

红豆杉科 Taxaceae

【形态特征】

常绿乔木。树皮淡灰色，纵裂成长条薄片；芽鳞顶端钝或稍尖，脱落或部分宿存于小枝基部。叶多呈弯镰形，成 2 列，长 2~3.5cm，上部微渐窄，先端渐尖，背面中脉明显，色泽与气孔带相异，无乳头状突起或有少量乳突，绿色边带宽而明显。种子倒卵圆形，微扁，两侧微具钝脊，先端有突起的短钝尖头，种脐椭圆形，稀见三角状圆形生于红色肉质杯状假种皮中。

【生活习性】

生于海拔 2100m 以下山地。花期 4~5 月，种期 9~10 月。

【地理分布】

产于山西（陵川）、浙江、安徽、福建、江西、湖北、湖南、广东、广西、重庆、四川、贵州、云南、陕西。印度、缅甸、越南、马来西亚、印度尼西亚有分布。

【保护地位】

国家保护级别 I，CITES 附录 II。

【保护建议】

保护自然林。禁止砍伐。加强人工培育。

南方红豆杉

巴山榧树

Torreya fargesii Franch.

National Protection Level II

【分类地位】

红豆杉科 Taxaceae

【形态特征】

常绿乔木。叶条形，螺旋状排列，基部扭转成二列，先端具刺状短尖头，腹面有两条明显的凹槽常不达中上部，叶背面气孔带较中脉带窄，绿色边带较宽。种子卵圆形、球形或宽椭圆形，肉质假种皮微被白粉，骨质种皮内壁平滑，胚乳向内深皱。

【生活习性】

散生于海拔 1000~1800m 的针阔混交林中。喜温凉湿润，不喜光照。花期 4 月，种期翌年 10 月。

【地理分布】

我国特有，产于湖北、湖南、重庆、四川、贵州（桐梓）、陕西、甘肃（徽县、武都）。

【保护地位】

国家保护级别 II。

【保护建议】

保护自然林，保护分布区植被，防止生境进一步破碎化和丧失。禁止砍伐。

巴山榧树

云南榧树

Torreya fargesii var. *yunnanensis* (Cheng et L. K. Fu) N. Kang

Torreya yunnanensis Cheng et L. K. Fu

National Protection Level II

【分类地位】

红豆杉科 Taxaceae

【形态特征】

乔木。小枝无毛。叶基部扭转列成二列，条形或披针状条形，上部常向上方稍弯，有刺状长尖头，基部宽楔形，腹部有两条常达中上部的纵凹槽，背面气孔带较中脉带窄或等宽，绿色边带较宽；雄球花单生叶腋，卵圆形，雌球花成对生于叶腋，无梗。种子骨质中种皮的内壁有两条对生的纵脊，胚乳倒卵圆形，周围向内深皱，种皮坚硬，外部平滑。

【生活习性】

生于海拔 2000~3400m 的山地混交林中。花期 4 月，种期翌年 10 月。

【地理分布】

中国特有，产于云南西北部。

【保护地位】

国家保护级别 Ⅱ。

【保护建议】

保护自然林，特别是幼苗，促自然更新。禁止放牧采集。保护原产地植被，防止生境进一步破碎化。

云 南 榧 树

榧 树

Torreya grandis Fortune ex Lind.

National Protection Level II

【分类地位】

红豆杉科 Taxaceae

【形态特征】

常绿乔木。树皮不规则纵裂。叶交叉对生，基部扭转排成二列，线形，通常直，先端凸成刺状短尖，基部圆，无隆起的中脉，下面淡绿色。雄球花无梗，成对生于叶腋。种子全部被假种皮所包，椭圆形，熟时假种皮淡紫褐色，有白粉，顶端微凸，基部具宿存的苞片，胚乳微皱。

【生活习性】

生于海拔 1400m 的温暖多雨、黄壤或红壤土的山地混交林。花期 3~4 月，种期翌年 10 月。

【地理分布】

我国特有，产于浙江、安徽、福建、江西、湖北、湖南、贵州。

【保护地位】

国家保护级别 II。

【保护建议】

保护成片野生林。保护分布区植被，防止生境进一步破碎化和丧失。人工培育。

榧树

九龙山榧树

Torreya grandis var. *jiulongshanensis* Zhi Y. Li, Z. C. Tang et N. Kang

National Protection Level II

【分类地位】

　　红豆杉科 Taxaceae

【形态特征】

　　常绿乔木。树皮不规则纵裂。叶条形，排成二列，线形，通常直。雄球花圆柱状，基部的苞片有明显的背脊，雄蕊多数。骨质种皮倒卵圆形，下部渐窄呈明显的扁尖。

【生活习性】

　　生于海拔 800m 的林中。花期 4 月，种期翌年 10 月。

【地理分布】

　　我国特有，产于浙江（遂昌）。

【保护地位】

　　国家保护级别 II 。

【保护建议】

　　加强自然区保护，促自然更新。禁止盗伐盗挖。人工培育。

九龙山榧树

长叶榧树

Torreya jackii Chun

National Protection Level II
The International Union for Conservation of Nature's Red List of Threatened Species, Endangered (EN)

【分类地位】

红豆杉科 Taxaceae

【形态特征】

乔木。树皮灰色，裂成不规则的薄片脱落，露出淡褐色的内皮。叶对生，列成的二列，质硬，条状披针形，上部渐窄，先端有渐刺状尖头，基部楔形，腹面有2条线纵槽。种子的全部被肉质假种皮所包，倒卵圆形，成熟时红黄色，被白粉；胚乳明显地向内深皱。

【生活习性】

生于海拔400~1000m的山势陡峭、峡谷深邃和基岩裸露的阴坡，或溪流两旁的常绿阔叶林中或次生灌木丛中。花期3~4月，种期翌年9~10月。

【地理分布】

我国特有，产于浙江南部、福建、江西（静安、资溪）。

【保护地位】

国家保护级别 II，IUCN 红色名录等级 EN。

【保护建议】

保护自然林，禁止砍伐。人工培育，育苗造林。

长叶榧树

水 松

Glyptostrobus pensilis (Staunton ex D. Don) K. Koch

National Protection Level I
The International Union for Conservation of Nature's Red List of Threatened Species, Critically Endangered (CR)
Plant Species with Extremely Small Populations (PSESP)

【分类地位】

杉科 Taxodiaceae

Christenhusz et al（2011）将杉科并入柏科 Cupressaceae

【形态特征】

半常绿乔木。生于湿生环境下，树干基部膨大，并有伸出土面或水面的呼吸根。叶多型，鳞形叶较厚，螺旋状着生于主枝上，冬季不脱落；条形叶，两侧扁平，常列成二列，生于幼树一年生枝或大树萌芽枝上；条形钻状叶，生于大树一年生短枝上，辐射伸展成三列状；条形叶及条状钻形叶均于冬季连同侧生短枝一同脱落。球果倒卵圆形，直立；种鳞木质，鳞背近边缘处有6~10个微向外反的三角状尖齿；苞鳞与种鳞几乎全部合生，仅先端分离，三角状，向外反曲。种子椭圆形，稍扁，褐色下端有长翅。

【生活习性】

生于河流两岸，喜光、喜温暖湿润。花期2~3月，种期9~10月。

【地理分布】

产于福建、江西、湖南（永兴、资兴）、广东、广西、云南（宜宁、屏边）。老挝有分布。

【保护地位】

国家保护级别 I ，IUCN 红色名录等级 CR，极小种群物种。

【保护建议】

加强原产地保护，特别是保护遗传多样性高的居群。重视保护居群的生境。人工培育。

水 杉

Metasequoia glyptostroboides Hu et Cheng

National Protection Level I
The International Union for Conservation of Nature's Red List of Threatened Species, Critically Endangered (CR)
Plant Species with Extremely Small Populations (PSESP)

【分类地位】

杉科 Taxodiaceae

Christenhusz et al（2011）将杉科并入柏科 Cupressaceae

【形态特征】

落叶乔木，高达 50m。树干基部常膨大，幼树冠尖塔形，老树树冠广圆形。大枝不规则轮生，小枝交互对生或近对生，侧生小枝排成羽状，冬季与叶凋落。叶、芽鳞、苞鳞、珠鳞、种鳞均交叉对生。叶条形，沿中脉有两条较边带稍宽的淡黄色气孔带。雄球花在枝条顶端的花轴上交互对生，排成大型总状花序。雌球花单生侧枝顶端。球果有长梗下垂，当年成熟，近球形。种鳞木质，盾形，顶部扁菱形，中央有凹槽。种子扁平，周围有窄翅，顶侧有凹缺。

【生活习性】

生于海拔 750~1500m 的酸性黄壤土的山地。花期 2~3 月，种期 10 月。

【地理分布】

我国特有，产于湖北（利川）、湖南（龙山、桑植）、重庆（石柱），现各地均有引种栽培。

【保护地位】

国家保护级别 I，IUCN 红色名录等级 CR，极小种群物种。

【保护建议】

保护自然林，特别是幼苗，促天然更新。人工培育。

水杉

台湾杉

Taiwania cryptomerioides Hayata

Taiwania flousiana Gaussen

National Protection Level II
The International Union for Conservation of Nature's Red List of Threatened Species, Vulnerable (VU)

【分类地位】

杉科 Taxodiaceae

Christenhusz et al（2011）将杉科并入柏科 Cupressaceae

【形态特征】

常绿乔木。树冠广圆形。大枝平展，小枝细长下垂。叶螺旋状排列，基部延下生长，老树之叶鳞状锥形，密生，上弯，横切面四菱形；幼树及萌生枝上之叶的两侧扁平。雄球花簇生枝顶；雌球花单生枝顶，苞鳞退化。球果卵圆形或短圆柱形；种鳞扁平，革质，上部宽圆，基部楔形。种子长椭圆形或长椭圆状倒卵形，扁平，两侧具窄翅，两端有缺口。

【生活习性】

生于海拔 500~2800m 的山地沟谷针阔混交林中。花期 4~5月，种期 9~10 月。

【地理分布】

产于福建、湖北（利川）、重庆（酉阳）、贵州（凯里、雷山）、云南、台湾（台东、宜兰）。缅甸（北部）分布。

【保护地位】

国家保护级别 Ⅱ，IUCN 红色名录等级 VU。

【保护建议】

加强原生居群和单株的保护，逐步恢复生境，改善种群结构。加大人工造林。

台湾杉

植物中文名索引

（按汉语拼音顺序）